青少年
综合素质培养课

青少年

创造力培养课

资本

杜兴东　编著

全球经典的品质培养成长书系之一

你的人生第一课

北京出版集团
北京出版社

图书在版编目(CIP)数据

青少年创造力培养课．资本 / 杜兴东编著．— 北京
：北京出版社，2014.1
(青少年综合素质培养课)
ISBN 978－7－200－10298－7

Ⅰ．①青… Ⅱ．①杜… Ⅲ．①青少年—创造能力—能
力培养 Ⅳ．①G305

中国版本图书馆 CIP 数据核字(2013)第282114号

青少年综合素质培养课
青少年创造力培养课　资本
QING-SHAONIAN CHUANGZAOLI PEIYANGKE　ZIBEN
杜兴东　编著
*
北　京　出　版　集　团　出版
北　京　出　版　社
(北京北三环中路 6 号)
邮政编码：100120
网　址：www．bph．com．cn
北京出版集团总发行
新华书店经销
三河市同力彩印有限公司印刷
*
787 毫米×1092 毫米　16 开本　12 印张　170 千字
2014 年 1 月第 1 版　2023 年 2 月第 4 次印刷
ISBN 978－7－200－10298－7
定价：32.00 元

前言　积累成功资本，需要专注于平凡的创造

这个世界上，有一种人，但求事功，不事张扬，从不轻言放弃，最终取得了不凡的成就。耐性与恒心是实现梦想的过程中不可缺少的条件，是发挥潜能的必要因素。耐性、恒心与追求结合之后，便形成了百折不挠的巨大力量。事业如此，德业亦如是。每个人的成长都是一个漫长而坚毅的过程。在这个过程中，我们不仅要学习知识，还要修养身心，这都是慢慢积累起来的。唐代诗人李白的名句“只要功夫深，铁杵磨成针”说的就是人生是一个漫长的过程，成功的资本需要一点点地积累，最终散发出耀眼的光芒。

法国作家莫泊桑曾经说过，“才能就是坚持不懈的热情”。中国古语说得好：“骐骥一跃，不能十步；驽马十驾，功在不舍。”然而在这个浮躁的年代，在这个事事讲求速度的社会中，似乎许多人都忘记了这样一个真理：成功的秘诀不是一蹴而就，而在于谁能够挨得住寂寞，持之以恒。那么不妨看看你身边那些出众的人才，哪一个不是不断积累、不懈努力的人呢。

英国前首相丘吉尔平均每天工作17个小时，还使得10个秘书也整日忙得团团转。为了提高政府机构的工作效率，他在行动迟缓的官员的手杖上，都贴上了“即日行动”的签条。

日本作家日垣隆先生在他的著作《快速写作入门》中这样写道：“想在某一领域有所作为的话，最少需要1万个小

时。”1万小时是怎样的概念呢？以每天工作8小时计算，需要将近5年的时间。可见，要想在任何领域取得非凡的成就，你必须有持久的耐力。这一真理更适用于青少年的成长。

一位青年问著名的小提琴家格拉迪尼：“你用了多长时间学琴？”格拉迪尼回答：“20年，每天12小时。”也有人问基督教长老会著名牧师利曼·比彻，他为那篇关于“神的政府”的著名布道词，准备了多长时间？牧师回答：“大约40年。”

不积跬步，无以至千里；不积小流，无以成江海。那些看起来平凡的、琐碎的事情，只要能以专注的精神、持久的态度去创造，就会变得非凡。这股专注精神是一种持续的力量，是真正的能力，是事业成功的垫脚石，也是实现人生价值、积累卓越人生资本的最佳途径。

1904年，年轻的爱因斯坦潜心于研究的时候，他的儿子出生了。于是，在家里，他常常左手抱儿子，右手做运算。在街上，他也是一边推着婴儿车，一边思考着他的研究课题。妻儿熟睡了，他还到屋外点灯撰写论文。爱因斯坦就是这样抓住每一个今天，通过一点一滴积累，在一年中完成了4篇重要的论文，引领了物理学领域的一场革命。

每个人生来都是凡人，是凡人就会做一些平凡的事情，但人们又常常喜欢不切实际地追求华丽的人生。专注力恰好可以满足人们的这一愿望。专注包含了创造力与生命力，如果你是平凡的，那么在专注地做某些事情之后，专注力就会创造出不平凡的你，让你的生命不断增值。当你调动出生命中所有的能量去做某件事，在旁人眼里就是最富有生命力的存在。那些成功的人，无一不是靠专注力来取得成就的。他们从平凡中专心致志地提升自己的价值，最终也将平凡的生命转变得非凡。

有谁能想到显微镜的发明者竟是荷兰西部一个小镇上的门卫，他叫万·列文虎克。

列文虎克当上门卫后，为了让时光不会在这个无所事事的岗位上浪费掉，选择了学习用水晶石磨放大镜片。磨一副镜片往往需要几个月的时间，为了不断提高镜片的放大倍数，他一面不间断地磨着，一面总结经验。尽管人们不愿干这种单调重复的劳动，但他并不厌倦，几十年如一日。直到第60年时，他终于磨出了能放大300倍的显微镜片，使人类第一次发现了细菌。于是他成了举世闻名的发明家，受到了英国皇家的奖励。

难以想象，60年的岁月，重复一种单调的劳动，这需要多么大的韧性！

古人云："锲而不舍，金石可镂；锲而舍之，朽木不折。"成功人士成功的重要秘诀就在于，他们将全部的精力、心力放在同一目标上。许多人虽然很聪明，但心存浮躁、做事不专一、缺乏意志和恒心，到头来只能是一事无成。

每一滴水珠都是平凡的，但正是有了每一滴水珠，才有了浩瀚的大海；每一粒沙子都是平凡的，但正是有了每一粒沙子，才有了壮阔的沙漠。罗马不是一天建成的，理想也不是一天就能实现的，再伟大的理想也要一步一个脚印地去实现。当你学会如何在平凡中倾注专心时，你的人生名片上也必然会出现"非凡"二字。

目　录

第一章

别为自己设限

冲破跳蚤人生

俗话说："撒播龙种，却收获跳蚤。"许多人明明有成为"龙"的潜能，却在自我设限中沦为可悲的"跳蚤"。"跳蚤"框定自我，无法突破内心的瓶颈，让自卑、恐惧、悲观笼罩自己；跳蚤不敢冒险，在惰性的侵蚀中消耗了原可以创造成功的潜能，陷入致命的迷惘之中。所以，每个人都应审视自我，修正自我——这是生命对你的要求。

有人曾经做过这样一个实验：他在一个玻璃杯里放进一只跳蚤，发现跳蚤立即轻易地跳了出来。再重复几遍，结果还是一样。根据测试，跳蚤跳的高度一般可达它身体的400倍左右。

接下来实验者再次把这只跳蚤放进杯子里，不过这次他立即在杯上加一个玻璃盖，"嘣"的一声，跳蚤重重地撞在玻璃盖上。跳蚤十分困惑，但是它不会停下来，因为跳蚤的生活方式就是"跳"。一次次地被撞，跳蚤开始变得聪明起来，它开始根据盖子的高度来调整自己跳的高度。过一阵子以后，实验者发现这只跳蚤再也没有撞击到这个盖子，而是在盖子下面自由地跳动。

一天后，实验者将这个盖子轻轻拿掉了，却发现跳蚤仍在原来的这个高度继续跳。3天以后，他发现这只跳蚤还在那里。一周以后他发现，这只可怜的跳蚤还在这个玻璃杯里不停地跳着，其实它已经无法跳出这个玻璃杯了。

生活中，有许多人也在过着这样的"跳蚤人生"：年轻时意气风发，屡屡去尝试成功，但是往往事与愿违，屡屡失败。几次失败以后，他们便开始抱怨这个世界的不公平，开始怀疑自己的能力，他们不是千方百计去追求成功，而是一再降低成功的标准，即使原有的一切限制已取消。就像实验中的"玻璃盖"虽然被取掉，但跳蚤早已经被撞怕了，或者已习惯了，不再跳上新的高度了。人们往往因为害怕去追求成功，而甘愿忍受失败者的生活。

难道跳蚤真的不能跳出这个杯子吗？绝对不是。只是它的心里面已经默认了这个杯子的高度是自己无法逾越的。

让这只跳蚤再次跳出这个玻璃杯的方法十分简单，只需拿一根小棒子突然重重地敲一下杯子，或者拿一盏酒精灯在杯底加热，当跳蚤热得受不了的时候，它就会“嘣”地一下，跳出玻璃杯。

自我封闭的年轻人不懂得，过去并不代表未来，无论你曾经失败过多少次，受过多少挫折，这些都不重要，重要的是，你要对未来充满希望。无论你过去怎样，只要你调整心态，明确自己的目标，乐观积极地行动起来，就能冲破跳蚤人生，更好地成长。

奥普拉·温弗莉，黑人，女性，体重90公斤，膀大腰圆，素面绝无姿色，出身贫民区；父母是一对未婚的年轻人，母亲生下她的时候，自己还是一个孩子。寄宿在亲戚家的她被虐待，甚至留下了一生的伤痛。十几岁的她曾把家里弄得乱七八糟，假装被打劫的样子，偷走了母亲的钱包。她和伙伴们鬼混，抽烟、吸毒、喝酒，越陷越深，她的青春犹如在肮脏的大染缸里浸泡，母亲甚至想将她送进少管所。

直到14岁，温弗莉才第一次看见父亲。她一直以为自己已经没有希望了，当时也没有人愿意正眼看她。她很幸运，因为父亲几乎是唯一没有放弃她的人。她在新的环境中改头换面了，参加了学校的戏剧俱乐部，并常在朗诵比赛中获奖。在费城举行的有1万名会员参加的校园俱乐部演讲比赛中，温弗莉凭借一篇短小精悍的演讲，赢得了1000美元的奖学金。

在大学里，温弗莉有机会踏进所有电视人梦想的CBS（哥伦比亚广播公司）的大门，但她开创的充满感情的新闻表述方式，与传统主持人刻板庄严的风格迥异。虽然这种风格没有被接受，却为她赢得了另一家电视台的特别关注。不过，这家电视台希望她去纽约接受整容手术，由于温弗莉的底子太差，美容师端详了半天后望而却步，整容也就不了了之了。

其实，不仅是外貌上的原因，当时美国的主持界鲜有女性，甚至有人说“女人的声音听起来缺乏可信度”。但是温弗莉证明了这是谬论：她主持的《人们在说话》脱口秀，收视率一路飙升，超过了当年脱口秀有名的节目。另外她主持的《芝加哥早晨》栏目，从一个下九流的脱口秀一跃而起，变成收视率第一的金牌栏目。后来，《芝加哥早晨》更名为《奥普拉·温弗莉脱口秀》，在全国120个城市同步播出。

如今的奥普拉·温弗莉已经是美国舆论界呼风唤雨的人物，年届50岁的她还去尝试拍电影，推荐优秀的黑人编剧，她的路似乎才刚开始。

从一个标准的黑人小混混，到优秀的毕业生，再到著名的节目主持人，奥普拉·温弗莉一次又一次突破了自我。她也曾经觉得自己没有任何希望了，但只要她不断尝试，不断努力，就能成功。

人有些时候总是喜欢给自己设置限制。很多人不敢去追求成功，不是追求不到成功，而是因为他们的心里面也默认了一个“高度”，这个高度常常暗示自己的潜意识：成功是不可能的，成功是没有办法做到的。殊不知，自我设限是潜能的最大杀手。

事情还没有开始就选择逃避的人，肯定不会成功！做事情总是爱自己限制自己，那叫自我设限！一件事情如果你去做了，你就有0.1%的希望成功，如果你不去做，连0.001%的希望也没有！不要自我设限。每天都大声地告诉自己：我是最棒的，我一定会成功！

何必划地自限呢？你有360°可以旋转，何苦局限于特定的角度？你有大片蓝天可以飞翔，又何必定要将领空限于一个山头？

当你自我设限、收藏起触角的同时，等于切断了前进的路程，切断了接触的管道。

不是因为有些事情难以做到，我们才失去自信；而是因为我们失去了自信，有些事情才显得难以做到。生命中没有什么比完成别人口中“办不到”的事，更让人觉得过瘾的了。我们要在没有人相信自己的时候，对自己深信不疑，一旦我们退缩，就永远迈不出成功的脚步！因此，千万不要自我设限，去掉“不可能”的思想观念，相信凡事都有可能。没有什么是不可能的！

摆脱心理高度的限制

有一家跨国企业曾经在招聘中出了这么一道题："就你目前的水平，你认为10年后，自己的月薪应该是多少？你理想的月薪应该是多少？"

结果，那些回答数目奇高的应聘者全部被录用。其后主考官解释说："一个人认为自己10年后的工薪竟然和现在差不多或者高不了多少，这首先说明他对自己前进的步伐抱有怀疑，他害怕自己走不出现在的圈子，甚至干得还不如现在好。这种人在工作中往往没什么激情，容易自我设限，做一天和尚撞一天钟。他对自己的未来都没有信心，我们又怎能对他有信心？"

很多人不敢追求成功，不是追求不到成功，而是因为他们在心里默认了一个"心理高度"。这个高度常常暗示他们的潜意识：我是不可能做到的；这个是没有办法做到的。于是，他们一次次地降低自己的标准，将本可胜任的成功机会拱手相让。

自我设限让你在生活的各个层面都上了一把锁，就连最基本的衣食住行都画了个圈圈住自己；自我设限使你成为一个活在监狱里的人，四周都是阻挡你的墙壁。一个人唯一的限制，就是自己头脑中的那个限制。唯有自己才能挣脱自我设限。西方有句谚语说得好：上帝只拯救能够自救的人。也就是说，没有人可以限制你成功，除了你自己。如果你不想去突破，挣脱固有想法对你的限制，那么没有任何人可以帮助你。

李胜是一家保险公司的新职员，他始终忘不了工作第一天打的第一个电话。

当他充满热情地拨通电话，联络自己的第一个客户时，没想到他刚说明自己的身份，对方就非常生硬地打断了他的话，不但拒绝了他的推销，更是将他骂了一顿，声称自己身体很好，不需要什么保险。从那以后，再打电话推销时，李胜心中便有了阴影，说话没有任何立场，讲解吞吞吐吐，自然没有人愿意向他买保险。这片阴影越来越大，他甚至不愿意再去摸电话。工作近一年的时间，他一份保单都没有签成。他开始想，自己或许并不适合这份工作，自己的口才不好，没有打动别人的能力，他灰心极了。

经理鼓励他要自己给自己机会，没有谁生来就是注定要成功的，也没有人会一直失败。听了经理的话，李胜深受激励，他鼓足勇气，决定搏一搏。他找出一个曾经联系过却被拒绝的客户资料，仔细研究对方的需要，选择了一份适合对方的险种。一切准备妥当后，他拨通了对方的电话，他的自信和真诚征服了那个客户，对方买下了他推销的保险。他终于打破了自我设限，尝到了成功的滋味。

其实，很多困难远远没有你想象的那样恐怖，更不是牢不可破的。摒弃固有的想法，尝试着重新开始，便能摆脱以前的忧虑和消极心理。

我们应当及时摆脱自身“心理高度”的限制，打开制约成功的“盖子”，那么我们的发展空间和成功概率将会大大增加。

一些原本有实力的人在社会生活中，由于受到“心理高度”的限制，常常对一些比较好的机会望而却步，结果痛失良机，甚至导致经常性的挫败感，这是多么令人惋惜的事情。人与人的实际能力差不了多少，由于认识与行为不同，结果便大相径庭。心理高度决定着人生高度，一个人若想跳出人生困局，有所作为，就要拨开心里阴霾，不能因为过去的挫败或眼前的困境而降低自己的人生标准，为自己的人生过早地盖上一个“盖子”。

最大的挑战是挑战自己

人生最大的挑战就是挑战自己，这是因为其他敌人都容易战胜，唯独自己是最难战胜的。有位作家说得好："自己把自己说服了，是一种理智的胜利；自己把自己感动了，是一种心灵的升华；自己把自己征服了，是一种人生的成熟。大凡说服了、感动了、征服了自己的人，就有力量征服一切挫折、痛苦和不幸。"因此，要开创自己的辉煌，就要不断地超越自己，不断为自己设立更高一层的目标。正所谓："立身不高一步立，如尘里振衣，泥中濯足，如何超达?"

提到2001年的亚洲首富孙正义，我们可能都不陌生。23岁那一年，他得了肝病，在医院住院期间，他大量地阅读、学习。在出院之后，他写了40种行业规划，最后选择了软件业。之后，他开始创业。创业初期，条件艰苦，他的办公桌是用苹果箱拼凑而成的。他招聘了两名员工。有一次，他和两名员工一起分享他的梦想，他说："我25年后要赚100兆日币，成为亚洲首富。"这是孙正义的梦想，但在两名员工看来却是件不可思议的事情。他们对孙正义说："老板，请允许我们辞职，因为我们不想和一位疯子一起工作。"然而最后，孙正义的梦想实现了，他成了亚洲首富。

孙正义为自己的人生设立了高层目标，挑战了人生难度，不陷于已有的生命体验之中。

埃塔尔是一个喜欢拉琴的年轻人，可是他刚到美国时，却必须到街头拉小提琴卖艺来赚钱。非常幸运，埃塔尔和一位认识的黑人琴手一起，抢到了一个最能赚钱的好地盘——一家商业银行的门口。过了一段时间，埃塔尔赚到了不少卖艺的钱后，就和那位黑人琴手道别，因为他想到大学里进修，也想和琴艺高超的同学相互切磋。于是，埃塔尔将全部的时间和精力投入到提高音乐素养和琴艺上。

10 年后，埃塔尔有一次路过那家商业银行，发现昔日的老友——那位黑人琴手，仍在那个“最赚钱的地盘”拉琴。当那个黑人琴手看见埃塔尔出现的时候，很高兴地说道：“兄弟啊，你现在在哪里拉琴啊?”埃塔尔回答了一个很有名的音乐厅的名字，那个黑人琴手问道：“那家音乐厅的门前也是个好地盘，也很赚钱吗?”

他哪里知道，现在的埃塔尔，已经是一位国际知名的音乐家，经常应邀在著名的音乐厅中登台献艺，而不是在门口拉琴卖艺。

人并不只是为了现在而活着，必须要勇于设计自己的标准。人在生活中不知不觉地就会被各种各样的锁链困住，正是这些锁链使我们丧失了当初的热情、干劲与梦想。在激流湍急的生活中，停止向自己挑战就是失败。因此我们要悉心审视缠绕于身的锁链，不断去挑战现在的自己。超越过去的自己，才能去创造新的生活。

生命需要大仰角探看

一个人要想改变自己的命运，必先改变自己。生命中的难题也许在你改变了视角之后，就不难了。一个人的世界有多大，取决于他视角的大小，视角越大，获得成功的机会也就越大。

1941 年，美国洛杉矶。

深夜，在一间宽敞的摄影棚内，一群人正在忙着拍摄一部电影。

“停!”刚开拍几分钟，年轻的导演就大喊起来，一边做动作一边对着摄影师大声说，“我要的是一个大仰角，大仰角，明白吗?”

又是大仰角！这个镜头已经反复拍摄了十几次，演员、录音师……所有的工作人员都已累得筋疲力尽，可是这位年轻的导演总是不满意，一次次地大声喊“停”，一遍遍地向着摄影师大叫“大仰角”!

此时，扛着摄影机趴在地板上的摄影师再也无法忍受这个初出茅庐的小伙子，站起来大声吼道：“我已经趴得够低了，你难道不明白吗?”

周围的工作人员都停下了手中的工作，有些幸灾乐祸地看着他们。年轻的导演镇定地盯着摄影师，一句话也没有说。突然，他转身走到道具旁，捡起一把斧子，向着摄影师快步走了过去。

人们不知道这位年轻的导演会做怎样的蠢事。在周围人的惊呼声中，只见年轻的导演抡起斧子，向着摄影师刚才趴过的木制地板猛烈地砍去，一下、两下、三下……他把地板砸出一个窟窿。

导演让摄影师站到洞中，平静地对他说：“这就是我要的角度。”就这样，摄影师蹲在洞中，压低镜头，拍出了一个前所未有的大仰角，一个从未有人拍出的镜头。

这位年轻的导演就是奥逊·威尔斯，这部电影是《公民凯恩》。电影因大仰拍、大景深、阴影逆光等摄影创新技术及新颖的叙事方式，被誉为美国有史以来最伟大的电影之一，至今仍是美国电影学院必备的教学影片。

拍电影是这样，对待人生更是如此，如果你的视角很低、很小，你怎么能看到艰难后面的希望和快乐呢？人生的格局也许难以改变，但怎么看由你来决定。“横看成岭侧成峰，远近高低各不同。”换个视角看风景，风景便有不一样的风采；换个视角看人生，人生也会有不同的发现。

改变生命的视角，你就能看见并拥有一个不一样的人生。一个人的视角若只局限在眼前，就容易变得短视，常为小事纠结；可是一旦放宽视角，惊叹于世界之大，就会感觉到那些曾被看重的东西，其实只不过是沧海一粟。每个人都是一个广阔的世界，心的格局很宽很大。

开阔视野，重要的是怎么去看待周围的世界和认识你自己，不同的方式、不同的态度会带来不同的结果。生活中烦心的事本来就多，有的越想忘掉越不容易忘掉，那就坦然地接受它。放大视角看烦恼，反而可以变得超脱。

也许心的体积很小很小，世界却很大很大；世界的容积是有限的，心的格局却无限广阔。

犯错不是一件坏事

人们在现实中都追求正确、反对错误，可如果被这种观念束缚就很难创新。如果我们强烈地认同“犯错是一件坏事”，那么我们的思维就会受到限制。犯错是创造性思考必要的副产品，有的时候正是因为人们犯了错才走向成功。

在IBM发生的一件事，典型地体现出企业对待创新失败的宽容态度。IBM公司的一位高级负责人，曾经由于在创新工作中出现严重失误而造成1000万美元的巨额损失。许多人提出应立即把他革职开除，公司董事长却认为一时的失误是创新精神的“副产品”，如果继续给他工作的机会，他的进取心和才智有可能超过未受过挫折的人。结果，这位高级负责人不但没有被开除，反而被调任同等重要的职务。公司董事长对此的解释是：“如果将他开除，公司岂不是在他身上白花了1000万美元的学费?”后来，这位负责人确实为公司的发展做出了卓越的贡献。

从这件事我们可以看出，错误之所以成为成功的垫脚石，是因为错误可以告诉我们什么时候该改变方向了。就像上文中曾经犯过错误的高管，因为错误，他才总结经验教训，寻找合适的方法和方向。犯错并不可怕，可怕的是被错误打败，从此一蹶不振。我们应从失败和错误中吸取经验教训，获得新的希望。

曾经有人做了分析后指出，成功者成功的原因，其中一条很重要的就是“随时矫正自己的错误”。一个渴望成功、渴望改变现状的人，绝对不会因一个错误而停止前进的脚步，他必定会找到成功的契机，继续前进。

一位老农场主把他的农场交给一位外号叫“错错”的雇工管理。

农场里有位堆草高手，心里很不服气，因为他从来都没有把错错放在眼里过。他想，全农场哪个能够像我那样，一举挑杆子，草垛便像中了魔似的不偏不倚地落到了预想的位置上？回想错错刚进农场那会儿，连杆子都拿不稳，掉得满地都是草，有的甚至还砸在自己的头上，非常搞笑。等他学会了堆草垛，又去学割草，留下歪歪斜斜、高高低低一片狼藉。别人睡觉了，他半夜里去了马房，观察一匹病马，说是要学学怎样给马治病。为了这些古怪的念头，错错出尽了洋相，不然怎么叫他“错错”呢？

老农场主知道堆草高手的心思，邀请他到家里喝茶聊天。“你可爱的宝宝还好吗？平时都由他们的妈妈照顾吧？”高手点点头，看得出来他很喜欢他的孩子。老人又说：“如果孩子的妈妈有事离开，孩子又哭又闹怎么办呢？”“当然得由我来管他们啦。孩子刚出生那阵子真是手忙脚乱哩，不过现在好多了。”高手说。

老人叹了一口气，说：“当父母可不易哦。随着孩子渐渐长大，你需要考虑的事情还很多很多，不管你愿意不愿意，因为你是父亲。对我来说，这个农场也就是我的孩子，早年我也是什么都不懂，但我可以学，也经过了很多次的失败，就像‘错错’那样，经常遭到别人的嘲笑。”

话说到这个节骨眼儿上，高手似乎领会了老人的用意，神情中露出愧色。

“错错”会犯很多错误，但也能因为犯错而进步很多，达到高手的水平，甚至超越高手。现在人们开始认同一种说法：成功，就是无数个“错误”的堆积。

错误是这个世界的一部分，与错误共生是人类不得不接受的命运。

错误并不总是坏事，从错误中汲取经验教训，再一步步走向成功的例子也比比皆是。因此，当出现错误时，我们应该像有创造力的思考者一样，了解错误的潜在价值，然后把这个错误当作垫脚石，产生新的创意。事实上，人类的发明史、发现史到处充满了错误假设和失败观念。哥伦布以为他发现了一条到印度的捷径；开普勒偶然间得到的行星间引力概念的正确假设正是从错误中得到的；再说爱迪生还知道上万种不能制造电灯泡的方法呢。

学会倾听意见，更要学会独立思考

“走自己的路，让别人说去吧！”是意大利文艺复兴时期伟大诗人但丁留给后世的至理名言。自己的路只能自己走，与别人无关。因为没有人代替我们走路，没有人代替我们做决定，没有人能站在我们的立场、角度来看问题。所以，自己的人生要自己做主，自己的命运需要自己主宰。有一个很经典的故事恰恰能说明这个道理：

从前，有位磨坊主和他十几岁的儿子，打算去集市卖掉自家的驴。为了让驴保存体力，能卖个好价钱，爷儿俩就把驴腿扎上，一前一后抬着驴走。一个路人看到大笑起来：“大家快看这一对傻瓜，竟抬着驴走，驴不就是让人骑的吗?”听到路人的话，磨坊主也觉得有道理，赶紧把驴放下，让儿子骑驴，自己跟在后面走。

走了没多远，迎面走来3个商人，年纪较大的那位冲着男孩喊道：“年轻人，你怎么好意思自己骑着驴呢？你的父亲是多么辛苦啊，快点下来，应该让老人骑着驴！”听了他的话，磨坊主便让儿子下来，自己骑到了驴背上。

又走了一段路，走来了3位姑娘，其中一个指责老人说：“你这老头真是过分啊！让一个孩子那么辛苦地走路，自己却骑在驴上悠然自得。”磨坊主没想到自己这么一大把年纪还会被一个姑娘指责，于是他赶紧让驴放慢了脚步，让儿子一起骑到了驴背上。他想：这下大家该没什么可说的了吧?

可刚走了十几步，又来了一群人，有个人说：“这两个人真够狠的！这头可怜的驴走到市场，估计他们就只能出售驴皮了。”磨坊主感到无所适从了，他一时想不到更好的办法，最后决定两人谁都不骑驴了，而是让驴走在他们的前面。

又有个人对他们说：“你们傻不傻，有驴还不骑，并让驴走在你们的前面，还真有意思。”磨坊主没有理睬他，因为他已经决定不再被别人的话所摆布了。

像上文中的那对父子，无论怎么做都会有人反对，如果一味听从别人的意见，正如邯郸学步，会渐渐忘了该怎么走路。人要有自己的主见，不能总被他人的意见所左右。并不是说要一意孤行，不接受他人意见，但关键的时候，能够依靠的只有自己。

凡事很难有统一定论，谁的“意见”都可以参考，但永不可代替自己的“主见”，不要被他人的论断束缚了自己前进的步伐。追随你的热情和心灵，它们将带你实现梦想。

遇事没有主见的人，就像墙头草，东风西倒，西风东倒，没有自己的原则和立场，不知道自己能干什么，会干什么，自然与成功无缘。

如果你对一件事的看法形成很久，想要改变的确很难，而且有句话还说过，走自己的路，让别人说去吧。想必这句话一直都是你坚持己见、排除异见的动力吧！没错，能够做到在重压之下坚持己见，不人云亦云，的确难能可贵。但是，任何事都不是绝对的，都要分情况，任何事的成立都只是在特定的条件下，离开这个特定的条件，真理也许都会变成谬论。所以，冷静地想想，你的意见真的是经过深思熟虑之后形成的吗？回过头来重新思考一下这件事，再分析一下你的观点成立的所有条件，这些条件真的能站得住脚吗？它们真的能成为支撑你观点的论证吗？也许，时间变了，条件变了，观点也要随之发生改变了，你真的还能如此因循守旧吗？

改变平时充耳不闻的习惯，认真听听别人的意见，并和他们交流一下，把你的想法说出来，让他们来帮助你分析一下，评点一下。一己之力毕竟有限，也许有些问题，由于你的疏漏，你一直没有发现，听听别人的意见和想法，他们会告诉你许多你没有看到、没有想到的事情。

放弃你的顽固，并不是让你一定要去接受别人的观点，放弃自己的意见。而是让你放开怀抱，敞开心扉，听一听异己的声音，对你的观点重新思考一下。最后的结果，也许你还是没有找到推翻你的观点的证据，如果是这样，你还可以继续坚持，直到你找到推翻你的观点的充分证据。

第二章

人生不要循规蹈矩

首先，打破一切常规

不以规矩，不成方圆。生活离不开各种各样的规矩，有些我们应当遵守，但是完全按照规矩办事很容易陷入僵局之中，在适当的情况下打破规矩的限制，会取得意想不到的效果。

“运筹帷幄之中，决胜千里之外”的诸葛亮，在年轻时即表现出了不俗的气质与智慧。他曾与庞统、徐庶等10人一起师从水镜先生。水镜先生要求极为严格，一日出了道考题给他的几名弟子，那就是如何说服自己在午时三刻之前允许他们出庄。徐庶听后无可奈何地一笑，双手一摊，没辙了。庞统比较滑头，嬉笑着说：“让先生允许我离庄，实在拿不出办法。但如果弟子在庄外，则一定有办法让先生允许我进庄。”水镜先生一听，板起脸：“这点儿小聪明也想诓我，一旁站着去吧！”

众人都忙着想办法，唯有诸葛亮伏在桌上睡大觉，待师兄弟将他推醒，午时三刻就要到了。师兄弟带着几分幸灾乐祸的神情望着他，那眼神似乎在说：看来，你也没啥能耐。这时却见诸葛亮揉揉双眼，一脸怒气，突然一个箭步冲上前去，一把抓住水镜先生的衣襟，高声呵斥道：“哪里有你这样的先生，净用无理的歪题整弟子，我不学了，还我3年学费！”众人见诸葛亮耍蛮发横，慌了手脚；水镜先生遭受羞辱，也气得发抖。他急命徐庶、庞统：“把这小畜生给我逐出去！”诸葛亮站着不走，非要要回3年的学费不可，徐、庞二人费尽气力，才把诸葛亮拖出庄去。

一出水镜山庄，诸葛亮哈哈大笑起来，随即折身来到水镜先生跟前跪下，谢罪道：“适才为了考试，无奈中冒犯先生，万望恕罪！”水镜先生听罢，转怒为喜。就这样，诸葛亮通过了考试。与此同时，徐庶、庞统借光出了庄门，考试也算合格了。诸葛亮获得成功，其他师兄弟一无所成，最根本的区别在于他知道如何打破常规。

古人除天伦应尽的孝道外，特别重视“师道”，因此有所谓“一日为师，终身为父”的感言和“尊师重道”的理念。正因为如此，弟子从不敢对师不敬。仔细考虑诸弟子的答案，都有一个明显缺陷——冲着考题内容而来，目标指向都很明确——我要出庄（传统考试习惯束缚了他们）。这一切自然都在水镜先生意料之中，当然也就无法得逞。

懂得变通，打破常规的束缚，使诸葛亮轻松通过了考试。

在生活中，凡事不可生搬硬套，而应灵活地解决。如果拘泥于陈腐的模式，必然无法超越前人。只要主动地打破常规，自行开辟一片天地，再难解的结也会迎刃而解了。想做一名卓越人士，就必须不停地主动调整自我，适应社会变化，并懂得打破常规以取得成功。

有时候不妨相信你的直觉

在这个强调理性思考的年代，很多人不敢相信自己的直觉，甚至羞于承认有时候会“顺着感觉”做决定。美国耶鲁大学心理学教授罗伯特·斯登伯格就明白指出：“逻辑思考和自我否定是扼杀直觉的头号杀手。”理性的逻辑训练让我们瞻前顾后，我们通常是怀疑直觉，而不是去拥抱它。

假如我们能够了解，直觉是人类另一个认知系统，是和逻辑推理并行的一种能力，或许我们比较能够接受直觉的存在。让直觉进入我们的生活，与思考并行，它们就像打开车子前面的两个大灯，同时照亮我们左右两边的视野。

以下几个方法，可以帮助我们提高直觉决策的能力：

1. 放松独处

散步、独自开车、躺在床上休息或淋浴泡澡的时候，都是体察内心深处的感受、找回直觉的最好时刻。画家达·芬奇在创作《最后的晚餐》时，会连日工作，也会一声不响就停下来休息。达·芬奇善于让工作和休息轮番上阵，酝酿出美好的艺术作品。诚如《达·芬奇的7种天才》一书中所说的，“找出你的酝酿节奏，并学着信赖它们，此是通往直觉和创造力的简单秘诀”。很多人都有类似的经验，“把一个问题带上床”，醒来时就得到解答。只有在放松、放慢脚步的时候，才有机会听到内在的声音，找到决策时所需要的“直觉”。

2. 保持心思意念的单纯

当我们心里充满杂念或忧虑的时候，我们不但听不到心里的声音，也没办法接收外在的信息。从事摄影工作的莉莉安是个直觉很强的人，她认为每个人都有这种能力，为了创作，她刻意保持专心，让自己有很强的直觉。

3．学着使用直觉判断事情，并注意如何能成功地运用直觉

可以从小事开始练习，只给自己几秒钟的时间决定事情，例如点什么菜？穿什么衣服？或看哪一部电影？也可以用心里第一个反应去预测事情，当电话响的时候，猜猜看是谁打来的。这些练习可以锻炼直觉，帮助你用直觉来决定事情，而不是用理性的思考来寻找答案。

4．记录自己的直觉或灵感

写下突如其来的想法，或者记下有关直觉的具体观察。长期记录它们，有助于辨认直觉与错觉。直觉开发专家萝珊娜芙提出一个“三定律”来教人辨认直觉：“当一个想法出现的时候，让它走。当它再出现的时候，再让它走。假如它第三次再回来，就可以放心地听从这个感觉。”透过简短的笔记或长期的日记，可以帮助自己了解曾经有过什么样的感动或灵感，长期的记录甚至可以连成一个具体的结果。达·芬奇就是个勤于做笔记的人，他随时写下他所看到的、想到的事情，许多创作就是从这些笔记中一点一滴总结出来的。

5．注意发挥自己的直觉

在每次决策之前，都要明了自己的真实感受，明了自己的直觉指向。面对决策问题和备选方案时，要验证自己的直觉。当自己的直觉和多数人的意见吻合，再做出决策，其成功的概率就比较大了。

6．注意验证自己的直觉

当你面对一个新情况时所产生的第一印象，往往是你的准确直觉。因此要牢记你的第一印象。随着决策的深入，各种意见和方案可能会纷至沓来，面对众多可供选择的方案，一定要将自己当初的直觉作为重要的备选方案，给予足够的重视。在方案的实施中，要验证自己当初直觉的准确性，不断提高自身直觉决策的成功率。

7．注意将直觉决策和科学决策结合起来

直觉决策并非完全依赖个人灵感这种“非科学”的信息，也需要决策人自身的经验、知识和分析能力等“科学”的信息。面对复杂问题，直觉决策应该和科学决策结合起来，以“灵光一闪”的直觉为启发，依靠科学规范的决策程序，最终做出满意的决策。

有的人直觉灵敏准确，直觉决策成功率很高；而有的人反应迟钝，直觉决策屡屡失败。如同样是股票投资人，有的人凭直觉，屡屡得手，多有斩获；而有的人屡败屡战，损失惨重。这里面当然有运气的成分，但直觉决策能力的高低恐怕也是重要因素。产生直觉的能力并不完全是天赋的，它可以通过后天的努力和锻炼逐渐得到增强。直觉决策的次数越多，决策者的经验越丰富，直觉决策的效果越好。

经验少也是优势

我们生活在一个充满经验的世界里，从小到大，我们看到的、听到的、感受到的、亲身经历过的各种各样的大小事件和现象，都成了我们人生的智慧和资本。常常听到有人说，“我吃的盐比你吃的米还多”、“我过的桥比你走的路还多”，可见人们常以经验丰富为豪。

在一般情况下，只要我们具有某一方面的经验，那么在应付这一方面的问题时就能得心应手。特别是一些技术和管理方面的工作，必须有丰富的经验不可。老司机比新司机能更好地应付各种路况，老会计比新会计能更熟练地处理复杂的账目。所以，很多时候，经验成了我们行动所依靠的拐杖。但这并不是放之四海而皆准的真理，经验也给我们带来了不少沉痛的教训。因为经验是相对稳定保守的东西，是属于过去式的“历史”，而现实是一直在不断变化发展的，所以经验并不一定能解决当前的问题。

在酒吧间，甲、乙两人站在柜台前打赌，甲对乙说：“我和你赌100元钱，我能够咬我自己左边的眼睛。”乙同意跟他打赌。于是，甲就把左眼中的玻璃眼珠儿拿了出来，放到嘴里咬给乙看，乙只得认输。

“千万别泄气，”提出打赌的甲说，“我给你个机会，我们再赌100元钱，我还能用我的牙齿咬我的右眼。”

“他的右眼肯定是真的。”乙仔细观察了甲的右眼后，又将钱放到了柜台上。可结果，乙又输了。原来甲从嘴里将假牙拿了出来，咬到了自己的右眼！

乙为什么连输两次呢？因为第一次的失败告诉他：甲的左眼是假的，所以能拿下来用嘴咬。吸取了第一次的经验教训后，他确定甲的右眼绝对不是假眼，因而不可能被牙咬到。他万万没想到，甲的右眼虽然不是假眼，却有一口假牙。乙输就输在经验造成的思维定式中，所以，经验也会“一叶障目”。

经验本身没有错，它是一笔宝贵财富，对我们来说有很大的指导意义。但我们要在合适的时机用好经验，因为一旦经验形成思维定式，就会变成一种枷锁，妨碍我们打开新思路，寻找新方法，时间长了，就会削弱我们的创新力。

经验告诉我们的只是过去成功或失败的原因，而不是未来如何成功的方法。千万不要以为在人生这个广袤的大海里，只要抱着那些曾经的经验，就能在祖辈开辟的领海中游弋。

日常生活中，太多习以为常、耳熟能详、理所当然的事物充斥在我们的身边，使我们逐渐失去了对事物的热情和新鲜感，经验成了我们判断事物的“金科玉律”。随着知识的积累、经验的丰富，这些“金科玉律”让我们越来越循规蹈矩，使我们的创意被抹杀，无法获得突破性进展，无法成为富于开拓进取的人。

其实，每个人都会受“金科玉律”的限制，若能及时从中走出来，实在是一种可贵的醒悟。与生俱来的独一无二的创造态度，勇于进取，在学习、生活中勇于独立思考，在职业生活中精于自主创新，正是能够从自我囚禁的“栅栏”里走出来的鲜明标志。

另外，要从自囚的“栅栏”里走出来，就要还思维以自由，突破经验定式。在此基础上，对日常生活保持开放的、积极的心态，对创新世界的人与事持平视的、平等的姿态，对创造活动持成败皆为收获、过程才最重要的精神状态，这样，我们将有望形成十分有利于开创人生的心理品质，并使得有可能产生的形形色色的内在消极因素及时地得以克服。

摆脱经验定式要求我们拓展思路，海阔天空，束缚越少越好。尤其在今天这个信息爆炸、瞬息万变的时代里，过去的经验往往就是未来失败的最大原因。从某种意义上来看，经验是一种指导我们“只能怎样怎样”“绝不应怎样怎样”的行动手册，对很多人来说，经验就成了无法跳出的框框。

成长路上，我们拓展思路，海阔天空，束缚越少越好。正是因为如此，年轻人的“经验少”并不是一种缺点，有时反而是一种优势，是“敢闯敢干”的代名词。所以，我们不要笃信“经验之谈”，要有初生牛犊不怕虎的勇气和精神，用好“敢干敢闯”的精神，牛犊也能闯出一片新天地。

胜利有时候需要反其道而行

有一个聪明的男孩，一天妈妈带着他到杂货店去买东西，老板看到这个可爱的小孩，就打开一罐糖果，要小男孩自己拿一把糖果。

但是这个男孩没有任何的动作。几次的邀请之后，老板亲自抓了一大把糖果放进他的口袋中。

回到家中，母亲很好奇地问小男孩，为什么没有自己去抓糖果而要老板抓呢？

小男孩回答得很妙："因为我的手比较小呀！而老板的手比较大，所以他拿的一定比我拿的多很多！"

我们大多数人都会跟这个小孩子的妈妈一样，犯同一个思维错误：如果小孩想要糖，肯定会伸开自己的小手去抓。故事中这个小男孩要糖，自己不抓是为了让老板的大手抓。从这个故事反映出小孩反弹琵琶的聪明和智慧：自己不抓不等于不要糖，而是为了让老板抓，大手胜过小手可以要更多的糖。

一个青年同别人一同开山，当别人把石块砸成石子运到路边，卖给建房的人时，他却直接把石块运到码头，卖给城里的花鸟商人。因这儿的石头总是奇形怪状，他认为卖重量不如卖造型。3 年后，他成为村上第一个盖起瓦房的人。

后来，不许开山，只许种树，于是这儿成了果园。漫山遍野的鸭梨招来八方客商，他们把堆积如山的梨子成筐成筐地运往北京和上海，然后再发往韩国和日本。因为这儿的梨，汁浓肉脆，纯正无比。

就在村上的人为鸭梨带来的小康日子欢呼雀跃时，卖过石头的果农卖掉果树，开始种柳。因为他发现，来这儿的客商不愁挑不到好梨子，只愁买不到盛梨子的筐。5 年后，他成为村里第一个在城里买房的人。

再后来，一条铁路从这儿贯穿南北，小村对外开放，就在一些人开始集资办厂的时候，还是那个农民，在他的地头砌了一垛3米高、百米长的墙。这垛墙面向铁路，背依翠柳，两旁是一望无际的万亩梨园。坐车经过这儿的人，在欣赏盛开的梨花时，会突然看到4个大字：可口可乐。据说这是500里山川中唯一的一个广告，那垛墙的主人凭这垛墙每年有4万元的额外收入。

20世纪90年代末，日本丰田公司亚洲区代表山田信一来华考察，当他坐火车路过这个小山村时，听到这个故事，他被主人公罕见的商业化头脑所震惊，当即决定下车寻找这个人。当山田信一找到这个人的时候，他正在自己的店门口与对门的店主吵架，因为他店里的一套西装标价800元的时候，同样的西装对门标价750元，他标价750元的时候，对门就标价700元。一月下来，他仅批发出8套西装，对门却批发出800套。

山田信一看到这种情形，非常失望，以为被讲故事的人欺骗了。当他弄清真相之后，立即决定以百万年薪聘请这个人，因为对门的那个店也是他的。

这个年青人总是给人意想不到的感觉，总是在反着潮流：当别人卖石子给建筑商的时候，他却卖石块给花鸟商人；当别人种果树的时候，他却种柳树；当别人开一个店做生意的时候，他却开两个店做生意，还故意自己挤对自己。

他反弹了一曲曲琵琶，却收到了一次次良好的效果。做生意也是，不按套路出招，而是逆着前进，也能占领先机，抓住商机，取得良好的效果。

巴黎的一条大街上，同时住着3个不错的裁缝。可是，因为离得太近，所以生意上的竞争非常激烈。为了能够压倒别人，吸引更多的顾客，裁缝们纷纷在门口的招牌上做文章。一天，一个裁缝在门前的招牌上写上了“巴黎城里最好的裁缝”，结果吸引了许多顾客光临。看到这种情况以后，另一个裁缝也不甘示弱。第二天，他在门口挂出了“全法国最好的裁缝”的招牌，结果同样招揽了不少顾客。

第三个裁缝非常苦恼，前两个裁缝挂出的招牌吸引了大部分的顾客，如果不能想出一个更好的办法，很可能就要成为“生意最差的裁缝”了。但是，什么词可以超过“全巴黎”和“全法国”呢？如果挂出“全世界最好的裁缝”的招牌，无疑会让别人感觉到虚假，也会遭到同行的讥讽。到底应该怎么办？正当他愁眉不展的时候，儿子放学回来了。当他知道父亲发愁的原因以后，笑着说：“这还不简单！”随后挥笔在招牌上写了几个字，挂了出去。

第三天，另两个裁缝站在街道上等着看他们的另一个同行的笑话，事情却超出了他们的意料。因为，他们发现，很多顾客都被第三个裁缝“抢”走了。这是什么原因？原来，妙就妙在他的那块招牌上，只见上面写着“本街道最好的裁缝”几个大字。

在竞争日趋激烈的今天，人们更需要借助于不同常规的思维方式来取胜。在上面的故事中，面对其他人提出的全城和全国的“大”，裁缝的儿子却利用街道的“小”来做文章，并最终取得了胜利。因为在全城或者全国，他不一定是最好的，但在街道这个特定区域里，他就是最好的，而这才是最具有绝对竞争力的。

反其道而行是人生的一种大智慧，当别人都在努力向前时，你不妨倒回去，做一条反向游泳的鱼，去寻找属于你的路径。

成功就是走少有人走的路

有一个人要穿过沼泽地，因为没有路，便试探着走。经过尝试他走了很长一段路，但是一不小心他一脚踩进烂泥里，沉了下去。

又有一个人要穿过沼泽地，看到前人的脚印，便想：这一定是有人走过，沿着别人的脚印走一定不会有错。用脚试着踩去，果然实实在在，于是便放心地走下去。最后也重蹈覆辙一脚踏空沉入了烂泥。

又有一个人要穿过沼泽地，看着前面众人的脚印，心想：这必定是一条通往沼泽地彼端的大道，看，已有这么多人走了过去，沿此走下去我也一定能走到沼泽的彼端。于是大踏步地走去，得到了与前人同样的结局。

人生之路就如这沼泽，处处充满陷阱，并不是走的人越多就越平坦、越顺利，沿着别人的脚印走，不仅走不出新意，有时还可能会跌进陷阱。众人都走过的路，往往没有果子留下来。成功需要创新，需要独辟蹊径，走别人没有走过的路，只有这样，才能发现新的机会、新的成功。

“沿着你自己最明显的倾向和最强烈的特性前进，并仍然忠实于体现自己的人性。”这是莫里斯对“立异”的注释，他认为“立异”是人与人之间的差别。他说：“个人之间的差别很大、很顽强，也很重要。”

在制造人类时，上帝并未批量生产，而是一个一个地用心捏塑，所以有高矮胖瘦、聪明愚笨之分。每个人都有自己独特的地方，差异性是人的生命力的个体标志。在我们与他人打交道时，在我们为群体、为他人服务时，并不意味着你该把自己混同于他人，也没必要强求自己完全化解到人群里去，即使要体现人的共性，也仍要以你自己认为最合适的方式表达，这样才能把自己具有的“明显倾向”和“强烈特性”的自我发展与社会发展融为一体，使自己成为一个健康、完整、独立的人。

盲目从众就是抹杀上帝赐予我们的独特，让我们的生命变得平庸。认识自己的独特性已经同每个人的生存质量紧密相连。在每一个时代，每一个国家，都有靠自己标新立异的个性闯出一条新路的伟大人物，他们从不抄袭他人、模仿他人，也不愿意墨守成规而使自己受到束缚，因而成就了自己的伟大事业。

那些有毅力、有创造力的人，往往是标新立异的先锋。格兰特将军从不照搬军事教科书上的战术，而是采用自己独特的战法，他虽然受到许多将士的诘难与指责，但他能战胜强大的敌人；拿破仑并不熟知以往的战略战术，但他自己制定的新战略和新战术，竟能战胜全欧洲；西奥多·罗斯福的施政方针，绝少依照白宫前任总统们的政策方略，他做过警察、公务人员、副总统、总统，他总是按照自己的意愿去做，绝不模仿他人，终于表现出惊人的政绩。而那些懦弱、胆怯而无创造力的人，永远不会找到新的出路。

成功者不走寻常路，因而，他们可以达到不凡，世人总是用异样的眼光欣赏和羡慕成功者。不论是华盛顿，还是爱因斯坦；也不论是比尔·盖茨，还是中国的张瑞敏，他们都是成功者，但他们都有各自不同寻常的经历和不同寻常的做法。成功是不寻常的，成功者也是不寻常的，因为，事实已经证明：标新立异，让你的成功与众不同。

很多人在成功的道路上，总是追寻榜样的力量。确实，那些榜样有很多值得我们学习的地方，某些方法或模式适合我们套用。但同时也要立“异”、要创新、要以自己的风格，创造出一套属于自己的成功哲学和理论。

怎样才能标新立异呢？事实上并不需要完全立异，只需要比竞争对手好1%就可以了。因为100%“立异”的产品无法被顾客接受，而比原来好1%的创新会得到非常大的肯定。同时，100%“立异”的人会被人们孤立，而1%的“立异”会让人们觉得你与众不同、有个性，因而易于被接受。

在美国哈佛大学的毕业典礼上，校长每年都要向全体师生特别介绍一位新生。去年，校长隆重介绍的，是一个自称会做苹果饼的女学生。学生都感到奇怪，哈佛不乏多才多艺之人，为何推荐一个仅仅擅长做苹果饼的学生呢？最后，校长揭开了谜底。哈佛大学每年的新生都要填写自己的特长，几乎所有的同学都填写诸如运动、音乐、绘画等，从来没有人填过自己擅做苹果饼。因此，这个女学生便脱颖而出。

填写擅长运动、音乐、绘画的，或是填写做家务、经商的等，只会让人觉得千篇一律、乏味枯燥。然而，他们所写的很多人都已经写过了，并且这样的答案还在不断地重复。细细想来，这背后是一种简单的重复，缺乏创造。而那个女孩填写“会做苹果饼”这个答案，则显示出一种天真的可爱和纯朴，让她能够在众多重复之中眼前一亮，脱颖而出。

其实，“世界上本来是有路的，但是走的人多了，也便没了路。”这就是创新的定律。敢于走标新立异的路，让我们的成功与众不同。

常理并非真理

生活中，没有十全十美的人生经验。经验、常理并非就是真理的代名词。

有一篇很有趣的文章：

长江中有3种鱼：鲥鱼、刀鱼和河豚，鲥鱼的形状像鲤鱼，身子比鲤鱼扁一些；刀鱼的形状像一把匕首；河豚有着滚圆的身子，身上长的不是鱼鳞，而是带小刺的皮。尽管这3种鱼形状各一，但当地的渔民捉它们时用的是同一张网。渔民们把渔网像排球网一样拦在江中，鲥鱼头小身子大，头钻过去后身子就过不去了，这时候，鲥鱼只要往后一退，它就逃脱了，但是它没有，仍然往前挣，就被渔民捉住了；刀鱼在穿过网时就迅速地后退，由于它的身子像一把匕首，两边的鱼鳍卡在了网上，其实，它只要继续向前就能穿网而过，但它不顾自身的情况，错误地接受了鲥鱼的教训，也被渔民捉住了；而河豚呢，在碰到网后，既不学鲥鱼，也不学刀鱼，它采取的是既不前进又不后退，它给自己拼命地打气，把自己打得圆鼓鼓的，结果漂到江面上，还是被渔民捉住了。

如同这3种鱼一样，许多人常常被自己的习惯和自以为是害得苦不堪言。能看到别人的缺点，却永远找不到自己的弱点；常常因为看到别人出了问题想避免重蹈覆辙，结果却陷入了另外一个更致命的错误之中。

清代学者纪晓岚在《阅微草堂笔记》中讲过这样一个故事：

在沧州南面，有一座寺庙靠近河边。某年发大水，庙门倒塌到河里，门旁两只石兽也一起沉到河里。

十多年后，和尚们募集到了一笔钱，决定重修庙门，便到河中寻找那两只石兽，居然没找到。他们认为石兽是顺着河的方向冲到下游去了，便划着小船，拖着铁耙，寻找了十多里，一点踪迹也没有。

有个学究在庙里开馆执教，听到这件事便嘲笑说："你们这些人不会推究事物的道理。这不是木片，怎么能被洪水带走了呢？石头的特性是坚硬而沉重，泥沙的特性是松散而轻浮，石兽埋没在泥沙里，就会越沉越深。顺着河流往下游去寻找它，不是荒唐吗？"

众人十分信服，认为是正确的论断。

一个老水手听了学究的话后，又嘲笑说："凡是河中失落的石头，都应该到河的上游去寻找。正因为石头的特性坚硬而沉重，泥沙的特性松散而轻浮，所以水流不能冲走石头，它的反冲的力量，一定会在石头迎水的地方冲击石前的沙子形成坑穴。越冲越深，冲到石头半身空着时，石头一定会倒在陷坑中。像这样再冲击，石头又向前再转动。这样一再翻转不停，于是石头会反方向逆流而上了。到下游去寻找它，固然荒唐；在石兽掉下去的当地寻找，不是更荒唐吗？"

人们按照老水手的说法去找，果然在几里外的上游地方寻到了石兽。

作者感慨地说，既然这样，那么天下的事情，只知其一、不知其二的还多着呢，难道可以根据自己所知道的道理主观判断吗？

常理并非真理，常理也有不常的时候。只有敢于适时冲破我们的思维常理，那些看似不利的事情才可能有所转机。

不迷信老经验，不盲从书本、常理，我们才能发掘到真正的幸福、真理。

第三章

拆掉思维里的墙

用好奇心探索世界

人类在呱呱落地之时，脑海里是一片空白，周围的一切事物对儿童来说都是新奇的。所以，孩童时代，我们对周围的一切，包括天文、地理、社会等都充满了疑问，总认为其中都包含了很多我们不知道的奥秘。好奇心往往驱使我们凡事都要问个究竟，于是孩童经常缠着大人问个不停。然而，当我们长大成人之后，好奇心就逐渐减退了。对待周围的事物就变得熟视无睹、习以为常了，不再去追问事物的来龙去脉。岂不知我们在减少好奇心的同时，也在丧失探索世界奥秘的机会。

牛顿是享誉世界的数学家、物理学家、天文学家。他在天文、物理领域的贡献极大地推动了人类文明的进程，被人类公认为人类历史上最伟大、最有影响力的科学家。牛顿身上具有很多作为科学家必备的精神和特质，好奇心就是其中一项。他从小就对周围的事物充满了好奇，总是在努力寻求事物的来龙去脉。当看到苹果落在地上，这样的现象大家都会认为是理所当然的，很少有人去追问其中的缘由。牛顿则对这个现象充满了困惑，他在思考的同时，也在努力去学习、探索究竟是什么动力作用于苹果，最终发现了万有引力。很难想象，牛顿发现高深莫测的万有引力的起因，就是苹果落地这样再平常不过的现象。

瓦特改良蒸汽机的贡献，也是来自于对烧水壶上冒出的蒸汽十分好奇，才驱使他不断思考如何把蒸汽利用起来，最终有了蒸汽机的问世。这些科学家之所以能够取得震惊世界的成就无不源于好奇心的驱动。他们就是对这些再平常不过的现象产生了疑问，出于好奇，才激励着科学家不断地学习，不断探索其中的奥秘，最终凭借坚持不懈的精神取得了成功。

当然，好奇心并非是科学家的专利。我们普通人，同样也可以拥有一颗好奇心。遗憾的是，孩童时代的好奇心在我们成长的过程中一点点地消退。老师、家长、社会为我们解释了无数个为什么的同时，在无形之中也禁锢了我们的思维。成人很少再有异想天开的时候，只是按照已有的规则做事。没有了好奇心，也就意味着思维的枯竭、创新潜能的窒息。好奇心一旦泯灭，就很难再有驱动力去发现，对有可能孕育创新萌芽的事物视而不见，对创新设置了障碍。没有了好奇心，我们对时代环境的变化就会无动于衷、反应迟钝，也就很难在竞争中抢先一步、先声夺人。

只有把握时代的脉搏，才能在竞争中立于不败之地。我们所处的时代在不断地推陈出新，新产品、新技术、新的管理模式等都不断涌现，这就决定了我们不能只是一味墨守成规地模仿、跟随，而要有新想法、新创意的提出。一切新产品、新观念的出现都是从好奇心开始的，只有善于发现，才能够让新的萌芽破土而出。当然，创新的难度是很大的，芸芸众生中只有极少数的人才能研发新东西出现。但是，如果你不愿意去尝试，又怎能知道自己不是其中的一分子呢？而一切新东西的出现、新资源的利用，都要有好奇心的驱动。其实，我们普通人也有可能会有新发明的，只是由于好奇心的减退，与有可能出现的这些奇迹擦肩而过了。

可能很多人会认为，仅仅有好奇心是并不能解决问题的。我们绝大多数的人都有好奇心，但最终有新发明、新创造的人只是极少数的。要明白，好奇心只是一种驱动力，有疑问仅仅只是开始。好奇心会驱动着你要永无止境地去学习、探索。接下来就是要去坚持不懈地学习、研究，要经历不断地失败、不断地跌倒，一次次地爬起来的艰苦历程。当然，不能否认，即使经历这样的历程，很多人终其一生还是一无所获。不过，重要的其实并不是结果，而是这个探索的过程。很多人会认为，大学毕业是不是就意味着学习生涯就此画上了句号呢？在当前这个日新月异、瞬息万变的时代，活到老、学到老的生活方式已经成为时代发展的必然要求。知识的更新速度在空前地加快。毋庸置疑，当你停滞不前，满足于已有的知识层次时，很快就会落伍，被这个时代淘汰。

好奇心会带给你精神上的满足感。判断是否满足的标准，并不仅仅取决于最后的结果，而在于过程本身。学习的过程就是一个不断发现的过程。我们要学会享受这个过程。你在不断地学习、探索之后，会发现原来周围司空见惯的事物中包含着如此多的奥秘，你的生活会洋溢着快乐、愉悦。你的人生境界也在不断地升华，很多的意想不到的精彩呈现出来的时候，你会感到自己的人生是如此的充实、富足。

保持一颗好奇心，就会推动着你充分挖掘自身的潜能，不断去学习、去探索。让我们徜徉在不断发现、不断收获的过程之中，人生历程将会有别样的精彩出现。

大胆实践心中的创意

一个年轻人乘火车路过了一片荒无人烟的山野。由于旅途困乏，他百无聊赖地望着窗外，不知道该干点什么。这时，火车减速，一座农房慢慢进入了人们的视野。

这本是一间普通的平房，可因为它出现在人们神经极度困乏的时候，所以，几乎所有的乘客都睁大眼睛仔细地欣赏这个特别风景。

看着这样的情景，这个年轻人的心为之一动。于是，他中途下了车，找到了那座房子的主人。年轻人向房子的主人表达了想要买下这所房子的意愿，房主听了，非常高兴。因为这所房子门前每天都要驶过很多火车，噪音实在使他们受不了，他们一直以来就想卖掉这所令人烦恼的房子，现在居然有人找上门，实在感到喜出望外。结果，这个年轻人仅用 3 万元就买下了那间平房。

年轻人买下房子并不是为了居住，他觉得这座房子正好处在拐弯处，火车经过这里都会减速，所以他就突发奇想，打算拿这座房屋专门做广告墙。于是，他开始和一些大公司联系，后来一家大公司用 18 万元租金跟他签下了 3 年合同。

一座被废弃的破房子，因为年轻人的创意成为大公司的广告墙，给年轻人带来了源源不断的收入。而那些与年轻人同车的旅客，习惯了固有的思维方式，看到的只是事物的表象，所以财富与他们总是擦肩而过。

这个年轻人敢于走别人没有走过的路，他不以现状，而是以其未来去看待事物的发展方向，努力去实践心中大胆的创意，一步步迈向成功。

20 世纪 80 年代初，“随身听”风靡一时，几乎每个青年都会在腰间挂上一个“Walkman”，按下按钮，优美的乐曲如水般流淌在自己耳边……

随身听是日本新力公司董事长盛田昭夫的得意之作。当年，细心的盛田昭夫发现，很多喜欢音乐的年轻人只能在房间内或汽车中欣赏音乐，出了门、下了车，便无法再听到优美的音乐，许多年轻人甚至因为音乐而不喜爱户外运动。

于是，盛田昭夫想到：是否能够开发出一种可以让人们在房子、汽车之外欣赏音乐的产品呢？当他把这个构想在公司的产品设计委员会上提出之后，除了一个年轻人兴致勃勃地表示这是个非常棒的构想之外，其他的人都认为不可思议而加以反对。

但是，盛田昭夫坚持自己的想法，力排众议，并开始着手开发这一产品。产品开发成功后，第一批的产量是3万台！这一数字充分显示了盛田昭夫“敢想敢做”的强势气场！

许多人对于这3万台的销路表示忧虑，盛田为了鼓舞士气，信心十足地立下誓言：“年底之前销售量若达不到10万台，我便引咎辞职。”

果然不出所料，这种叫Walkman的新产品上市之后，立即引起年轻人的抢购，销售量势如破竹，到了当年年底，已突破40万台！盛田昭夫不但保住了总经理的职位，而且Walkman成为公司获利最多的商品。

紧接着，盛田昭夫在Walkman的产品功能上再做改良，以扩大市场并应付竞争者的挑战。第三年，Walkman在全球的销售量已达到400万台，创造了该公司单一产品在一个年度内最高的销售量纪录，也再度证明了盛田昭夫敢于创新的胆识和远见。

哈佛大学的教授们经常说的一句话就是：“这个世界上没有什么不可能。”我们平时也经常听到“没有做不到，只有想不到”这句话。很多时候不是因为我们做不到，而是因为不敢想、不愿想。所以，不要惧怕创新，创新就是“敢”于打破常规的束缚。唯有敢于实践心中创意的人，才能够取得异于常人的成就！

突破标准答案

斯坦福大学的一名教授曾经给学生布置过这样一个作业：把班级中的学生分成几组，每组都可以拿到教授发的一个装有5美元的信封，而这5美元正是他们在这项作业中的启动资金，这个任务要求他们，在两个小时的时间内，用这5美元创造更多的金钱。这是一项很挑战同学们创新精神的作业，利用5美元的启动资金来赚钱，可能有很多常规办法可以让5美元创造更多的价值，如有的小组做起了小生意，摆个小摊卖点柠檬汁或是帮别人洗车。但是，这样做的小组所挣到的钱毕竟有限。有的小组干脆豁出去到赌场一试运气，但结果却是由5美元变成了0美元甚至负数。真正能够让5美元大大翻倍的小组，都是突破常规答案的小组。

他们是怎么做的呢？

他们没有让这5美元的启动资金禁锢了自己的思维，事实上，如果说要创业，5美元真的是少之又少，于是，他们用更广阔的眼光，打破思维的束缚去思考这项任务：假如你一无所有，你该如何去赚钱？

他们充分利用了自己的观察能力和创新思维能力。

有一个小组发现了大学周边普遍存在的问题：每到周末晚上，一些不错的餐厅往往会爆满，等一个位子要排很长时间的队。于是他们决定在那些不想花时间排队等位的人身上赚钱。首先，他们分头向几家餐厅预订座位。到了用餐的高峰期，他们就把订到的座位卖给不想等位的人，每个位子最多可以卖到20美元！

上面的例子给了我们这样的启示：

第一，机遇无处不在，只要你注意观察，在任何时间、任何地点，你都能发现很多亟待解决的问题。像我们常见的，在一家生意红火的饭店找一个位子，给自行车充气等，这些都是小问题。而那些和社会发展息息相关的问题，就是大问题了。就像一位企业家所言“问题越大，机会也就越大，没人会花钱请你去解决不是问题的问题”。

第二，不论问题大小，通常都能利用现有资源找到解决的办法。我的不少同事都用这一原则来培养学生的创新思维：一个具有创新精神的人，一定是能够发现问题，并将问题转化为机遇的人。他们会用一些创新的方法，利用有限的资源来实现他们的目标。然而大部分人遇到问题时，第一个想到的就是这问题似乎无法解决，因此忽视了那些有创造性的方法，即使这方法摆在眼前，也都被他们错过了。

第三，我们经常把问题禁锢在狭隘的框架中。例如，当遇到在两小时内赚到钱这样一个简单的问题时，大部分人马上就会想到那些老套的“标准”答案。他们不会重新审视问题，也不能从更广阔的视角来观察问题。其实，揭开这层蒙眼布，世界就会变得很不同，到处充满机遇。参加这个项目的学生们都深深体会到了这一点，他们坚信，在以后的生活中，自己再不会轻易言败，因为就在你周围，总有那么多问题是等着你去解决的。

想象力是第一生产力

荒诞不经的想法，大胆的猜测，标新立异的假说，这些潜质思维的利剑，往往能劈开传统观念的枷锁，这就是你的想象力！

从古到今，许多对人类历史做出巨大贡献的伟人们，都将想象力看作是一种不可或缺的能力。法国学者狄德罗说：“想象，这是种特质。没有它，一个人既不能成为诗人，也不能成为哲学家，也就不成其为人。”瑞典化学家诺贝尔说：“想象是灵魂的眼睛。”现代物理学的开创者爱因斯坦说：“想象力比知识更重要，因为知识是有限的，而想象力概括着世界的一切，推动着进步，并且是知识进化的源泉。严格地说，想象力是科学研究中的实在因素。”无论是在人类生活的哪个领域，想象力都发挥着至关重要的作用。

1882 年，费勃出生在地中海边的法国马赛市，爸爸是一位造船师。有一天，小费勃跟着爸爸来到海边玩，看到远处的大海上驶来了一条船，便好奇地说：“爸爸，船为什么能在水里跑呀？”

“船下有螺旋桨，能够划动水，水动了，就把船推走啦。”爸爸乐呵呵地说。

“有没有在天上飞的船呢？”小费勃好像要打破砂锅问到底。

“傻孩子，那就不叫船啦，应该叫飞机才对。不过，飞机只能在天上飞，不能在水上跑。”

“嘿！长大了，我一定要造一艘能飞到天上的船。”小费勃握紧了拳头。

“好啊，有出息，现在好好学习，将来才能实现这个美好的愿望！”爸爸欣慰地拍了拍小费勃的肩头。

转眼到了 1905 年，23 岁的费勃先后完成了工程学、流体学、空气动力学等学科的学习，真正开始了飞船的制造。经过4年的努力，他造出了第一艘水上“飞船”，其实就是在一般的飞机下安装3个浮筒，使飞机能浮起来，但是无法飞起来。直到1909年，他才造出一艘与众不同的“船”：机身前面是一个浮筒，机翼下面还有两个浮筒；机翼安装在机身的后面。整个“船”的构架是木头做成的，浮筒是胶合板制成的，整个“船”既轻巧又灵便。

1910年3月28日，费勃带着他自制的这艘与众不同的“船”，在马赛市的海面进行了试验。在众人的瞩目下，他启动了发动机，随着一阵轰鸣声，“船”像离弦的箭般向前飞奔起来，顿时在水面上划出了一道耀眼的水波。他成功了，他的船以每小时60公里的速度直线飞行，在空中飞行了500米左右，成了人类第一艘能够飞上天的船，或者说是第一架能够从水面上起飞的飞机！

第二年，在摩纳哥举行的船舶展览会上，费勃驾驶着自己制造的船进行水上飞行表演，再获成功。现在，科学家对费勃设计的水上飞船进行了改进，把机身改成了船形，取消了浮筒，成了真正的“飞船”。

一个童年时的想象，费勃将其变成了现实，从而创造了飞船。很多伟大的成就，都是从跳跃的想象开始的。想象能够充分激发人体潜藏的能量，使思维之流逍遥神驰，它会让头脑变得活跃而充满创造力，这样的头脑具备了创造奇迹、改写历史的能力。

在生命的旅途中，想象力就像是个调皮的精灵，它不停地环绕在你的周围，总是给你灵感，激发你的创造能量！所以，要想让你的生命永远光鲜亮丽，那就为自己插上一对想象的翅膀吧！

没有解决办法，那就改变问题

当我们苦苦寻找解决问题的办法，却因方法不当而一次一次地进行尝试时，不妨想一想能不能将问题稍加改变，使我们的方法更加适合它。

危机来临，许多问题如果找不到解决的办法怎么办？一般的人也许会告诉你：“那只能放弃了。”但善于思维转换的人会说：“找不到办法，那就改变问题！”

在19世纪30年代的欧洲大陆，一种方便、价廉的圆珠笔在书记员、银行职员甚至是富商中流行起来。制笔工厂开始大量生产圆珠笔。不久却发现圆珠笔市场严重萎缩，原因是圆珠笔前端的钢珠在长时间的书写后，因摩擦而变小，继而脱落，导致笔芯内的油漏出来，弄得满纸油渍，给书写工作带来了极大的不便。人们开始厌烦圆珠笔，不再用它了。

一些科学家和工厂的设计师们为了改变“笔芯漏油”这种状况，做了大量的试验。他们都从圆珠笔的珠子入手，实验了上千种不同的材料来做笔前端的圆珠，以求找到寿命最长的圆珠，最后找到了钻石这种材料。钻石确实很坚硬，不会漏油，但是钻石价格太贵，而且当油墨用完时，这些空笔芯怎么办？

为此，解决圆珠笔笔芯漏油的问题一度搁浅。后来，一个叫马塞尔·比希的人却很好地将圆珠笔进行了改进，解决了漏油的问题。他的成功是得益于一个想法：既然不能延长“圆珠”的寿命，那为什么不主动控制油墨的总量呢？于是，他所做的工作只是在试验中了解一颗钢珠在书写中的“最大用油量”，然后每支笔芯所装的“油”都不超过这个“最大用油量”。结果解决了这个大难题。这样，方便、价廉又

“卫生”的圆珠笔又成了人们最喜爱的书写工具之一。

马塞尔·比希发现解决足够结实又廉价的“圆珠”这个问题比较困难，便将问题转换为控制“最大用油量”，运用逆向思维使原本棘手的问题得到了巧妙的规避，并且不需要耗费过多的精力和财力。

某楼房自出租后，房主不断接到房客的投诉。房客说，电梯上下速度太慢，等待时间太长，要求房主尽快更换电梯，否则他们将搬走。

已经装修一新的楼房，如果再更换电梯，成本显然太高。如果不换，万一房子租不出去，更是损失惨重。

房主想出了一个好办法。

几天后，房主并没有更换电梯，可有关电梯的投诉再也没有接到过，剩下的空房子也很快租出去了。

为什么呢？原来，房主在每一层的电梯间外的墙上都安装了很大的穿衣镜，大家的注意力都集中到自己的仪表上，自然感觉不出电梯的上下速度是快还是慢了。

更换电梯显然不是最佳的解决方案，但问题该怎么解决呢？房主突破了思维的限制，将视角从“换不换电梯”这一问题转换到了“该如何让房客不再觉得电梯慢”，问题变了，方案也就产生了，转移大家的注意力就可以了。

无论你做了多少研究和准备，有时事情就是不能如你所愿。如果尽了一切努力，还是找不到一种有效的解决办法，那就试着改变这个问题。

为问题寻找到合适的解决办法是通常使用的正向思维方式，但是，当难以找到解决途径时，也许最好的解决办法就是将问题改变，改变成我们能够驾驭的、容易解决的问题。

逆向思维，坏事也能变好事

很多成功者都非常善于运用逆向思维。逆向思维是人们认识世界的一种独特个性，这种思维，倡导从事物发展的反面、反向去认识事物，从而抛弃常识思维单一浅薄的认识事物的方式。

美国以前有个小男孩哈里逊，性格内向，不善言辞，众人便以为他智力有问题。有人在他面前丢下 10 美分和 5 美分两块硬币，哈里逊只去捡那个 5 分的，人们就嘻嘻哈哈地笑他傻。

此事流传甚广，很多人便纷纷来测试，每次哈里逊都捡 5 美分，大家便大笑不止。

有一次，有人问哈里逊："你为什么每次都捡 5 美分，难道不知道 10 美分是 5 美分的两倍吗？"

"当然知道。"哈里逊说，"可如果我捡 10 美分的硬币，那还会有人在我面前扔钱吗？"

这个名叫哈里逊的小男孩后来成为美国总统。他从小形成的逆向思维能力，最终助他走向成功，美国总统就是这样炼成的。

人们的思维活动存在正向和逆向两种方式。正向思维是人们习惯性的、由因到果思考问题的一种思维方式。在通常情况下，这种思维方式比较有效，能解决大部分常规问题，但在一些特定条件下，这种常规思维方法不仅不能解决问题，而且还会束缚人们的思路，影响人们的创造性。这时，如果善于转换视角，从逆向去探求，从相反的方向去思考，往往会引起新的思索，产生超常的构思和不同凡俗的新观念。

某单位请一位知名教授讲战略管理方面的课程。在讲授之前，教授给大家出了一道思考题："很远的地方发现了金矿，为了得到黄金，人们蜂拥而去，可一条大江挡住了必经之路，你们会怎么办？”

有人说：“游过去。”有人说：“绕道去。”但教授笑而不语。

最后，教授认真地说：“为什么非要去淘金呢？为什么不可以买一条船搞营运，接送那些淘金的人呢？这样不是照样可以发财致富吗？”

大家茅塞顿开。

教授接着说：“人们为了发财，即使票价再贵，也心甘情愿买票上船，因为前面就是诱人的金矿啊！”

逆向思维是一种倒推法：从结果推原因，从内容推形式，从小推大，从分推合……这种思维完全没有条条框框的限制，天下的资源，俱为我所用，心有多大，舞台就有多大；不怕做不到，就怕想不到。大家都奔着金矿去，我就服务这些找金矿的人，这就是逆向生财之道，想想看，分众的江南春、盛大的陈天桥、阿里巴巴的马云……哪个又不是靠这种思维迈向成功的呢？

要提高自身的逆向思维水平，就必须否定自己，不断地从反面、从事物的不同方向来认识事物。提高逆向思维能力，你可以从以下的角度去思考。

1．逆向认识事物的因果关系

从事物的因果关系出发，由结果推论原因，由目标推导手段，就能充分提升思维素质和创新能力。

体温计的发明就是一个典型案例。人们发现人生病后体温一般会升高，但如何准确地测量体温，尚没有有效办法。有一次，享有盛名的科学家伽利略发现：容器中的水在受热后，体积会膨胀；遇冷时，体积会缩小。那么反过来，根据水的体积变化，不就能测出温度的变化了吗？

于是，伽利略在一根细试管中装上水，排出空气并加以密封，并在试管上刻上了刻度，就这样制造出了世界上第一支温度计。

2．反向分析事物的方向

事物的方向与性质存在着某种内在的联系，方向一经逆转，该事物的其他方面也会发生相应的变化。因此，有意识地对事物进行方向上的反思，也是提高逆向思维能力的一大技巧。

一般来说，火箭都是向上发射的，可苏联的工程师米海依尔成功地运用了逆向思维，将火箭发射的方向“逆转”，于1968年研制成了向下发射的钻井火箭。这种火箭在地层中推进，可按要求改变方向，穿透土壤、冰层、冻土、岩石，每分钟钻进10米。与普通钻机相比，能耗降低1/2，效率却提高了5～8倍，因而被认为是引起了一场穿地手段的革命。对事物方向的逆转思考，使人们对事物本身的认识得以改观，这对提高思维能力很有借鉴性。

3．转移事物的位置思考

“二战”时，朱可夫将军率领苏联红军的坦克部队攻到柏林城下时，由于后续部队未能跟上，如不做防范，将十分危险。为此，朱可夫要求各位将领将自己设想成德军城防司令，根据当时形势，提出种种对付苏联红军的行动方案。最后，他根据将领们从德军司令角度提出的作战方案，制定出了相应的对策，迅速掌握了主动权，成功打败了德军，占领柏林。

4．从事物的缺陷反向寻找优点

利用周围事物或产品存在的缺陷和不足进行思考，往往就能做出创新。

玻璃质硬且光滑，只有金刚石那么坚硬的物质才能将它分割开来，因此要在玻璃上刻花是十分困难的。但是有一种名叫氢氟酸的化学物质，它的腐蚀性极强，一旦玻璃制品和它接触，就会被腐蚀掉，因此，人们利用了氢氟酸的腐蚀性强的特点在玻璃上刻花。他们先将玻璃器皿放在熔化的石蜡中浸一下，然后用刀子划破蜡层，刻成所需要的花纹，再涂上氢氟酸，最后洗去残余的氢氟酸，刮掉石蜡，玻璃器皿上就留下了美丽的花纹。

我们要提升自身的逆向思维能力，应该做个生活中的有心人，不断地用逆向思维，反思事物的多种可能性。只有这样不间断地努力，才能开阔自己的视野，从万事万物中发现有利的一面。

善于变通，适时突破

在规则之下，人们往往会形成一种思维定式。如果想要有所创新与突破，就必须首先打破这些既定的规则。艺术大师毕加索曾说过："创造之前必须先破坏。"小说家、戏剧家契诃夫也曾说过："人们厌烦了寂静，就希望来一场暴风雨；厌烦了规规矩矩气度庄严地坐着，就希望闹出点乱子来。"创新作为一种最灵动的精神活动，最忌讳的就是教条。任何形式的清规戒律，都会束缚其手脚。只有敢于打破常规、标新立异的人，才能真正有所作为，才能敞开胸怀拥抱成功。

1984年以前的奥运会主办国，几乎是"指定"的。对举办国而言，往往是喜忧参半。能举办奥运会，自然是国家民族的荣誉，还可以乘机宣传本国形象，但是以新场馆建设为主的大规模硬件软件投入，又将使政府负担巨大的财政赤字。1976年加拿大主办蒙特利尔奥运会，亏损10亿美元，当时预计这一巨额债务到2003年才能还清；1980年，莫斯科奥运会总支出达90亿美元，具体债务更是一个天文数字。奥运会几乎变成了为"国家民族利益"而举办，为"政治需要"而举办。赔本已成奥运定律。

鉴于其他国家举办奥运的亏损情况，洛杉矶市政府在得到主办权后即做出一项史无前例的决议：第23届奥运会不动用任何公用基金，因此而开创了民办奥运会的先河。

尤伯·约翰接手奥运之后，发现组委会竟连一家皮包公司都不如，没有秘书、没有电话、没有办公室，甚至连一个账号都没有。一切都得从零开始，尤伯·约翰决定破釜沉舟。他以1060万美元的价格将自己的旅游公司股份卖掉，开始招募雇用人员，把奥运会商业化，进行市场运作。

第一步，开源节流。

尤伯·约翰认为，自 1932 年洛杉矶奥运会以来，规模大、虚浮、奢华和浪费成为时尚。他决定想尽一切办法节省不必要的开支。首先，他本人以身作则不领薪水，在这种精神感召下，有数万名工作人员甘当义工；其次，沿用洛杉矶现成的体育场；最后，把当地的 3 所大学宿舍用作奥运村。仅后两项措施就节约了数以 10 亿计的美元。

第二步，举行声势浩大的“圣火传递”活动。

奥运圣火在希腊点燃后，在美国举行横贯美国本土的 1.5 万公里圣火接力跑。用捐款的办法，谁出钱谁就可以举着火炬跑上一程。全程圣火传递权以每公里 3000 美元出售，1.5 万公里共售得 4500 万美元。尤伯·约翰实际上是在卖百年奥运的历史、荣誉等巨大的无形资产。

第三步，别具一格的融资、赢利模式。

尤伯·约翰创造了别具一格的融资和赢利模式，让奥运会为主办方带来了滚滚财源。尤伯·约翰出人意料地提出，赞助金额不得低于 500 万美元，而且不许在场地内包括其空中做商业广告。这些苛刻的条件反而刺激了赞助商的热情。一家公司急于加入赞助，甚至还没弄清所赞助的室内赛车比赛程序如何，就匆匆签字。尤伯·约翰最终从 150 家赞助商中选定 30 家。此举共筹到 1.17 亿美元。

最大的收益来自独家电视转播权转让。尤伯·约翰采取美国三大电视网竞投的方式，结果，美国广播公司以 2.25 亿美元夺得电视转播权。尤伯·约翰又首次打破奥运会广播电台免费转播比赛的惯例，以 7000 万美元把广播转播权卖给美国、欧洲及澳大利亚的广播公司。

第四步，出售与本届奥运会相关的吉祥物和纪念品。

尤伯·约翰联合一些商家，发行了一些以本届奥运会吉祥物山姆鹰为主要标志的纪念品。

通过这 4 步卓有成效的市场运作，在短短的十几天内，第 23 届奥运会总支出 5.1 亿美元，盈利 2.5 亿美元，是原计划的 10 倍。尤伯·约翰本人也得到 47.5 万美元的红利。在闭幕式上，时任国际奥委会主席的萨马兰奇向尤伯·约翰颁发了一枚特别的金牌，报界称此为“本届奥运最大的一枚金牌”。

在人们习以为常的规则面前，虽然平稳却少了几分发展的激情与冲动，不妨打破常规、不按常理出牌，有时会有意想不到的惊喜降临。年轻人学会适当变通，让对手永远猜不透我们在想什么，永远跟不上我们的节奏，就更容易获得成功。

脱离旧轨道，打开新局面

有人说：“我不知道世界上是谁第一个发现水，但肯定不是鱼。因为它一直生活在水中，所以始终无法感觉水的存在。”

其实人类社会中的很多现象蕴含着与之相同的道理。生活中有很多可以创新的空间，但由于传统思维方式的限制，我们往往视而不见或盲目排斥，遏制了创新本身的发展空间。敢于创新，要有打破常规的勇气，要有与惯性思维做斗争的恒心，还要保持对人、对物的敏感性和好奇心。如果不敢越雷池一步，就永远跳不出条条框框的制约。

很久很久以前，人类都还光着脚走路。而鞋子的诞生，就来源于一位仆人突破固定思维模式的创新。

一位国王到某个偏远的乡间旅游，由于路面崎岖不平，有很多碎石头，刺得他的脚板又痛又麻。回到王宫后，他下了一道命令，要将国内所有的道路都铺上一层牛皮。他认为这样做，不只是为自己，还可造福他的子民，让大家走路时不再受刺痛之苦。

但是，哪来这么多的牛皮呢？即使杀光所有的牛，也凑不到足够的皮革啊！而所花费的金钱、动用的人力，更不知道要有多少。

这个办法是很愚蠢而且是根本做不到的，但因为是国王的命令，大家也只能摇头叹息。

一位聪明的仆人大胆地向国王提出建议：“国王啊！为什么您要劳师动众，牺牲那么多头牛，花费那么多金钱呢？您何不只用两小片牛皮包住您的脚呢？”

国王听了很惊讶，因为这确实是一个更高明的办法。他当下领悟，立刻收回成命，采纳了这个建议。

于是，世界上就有了鞋子。

当我们发现自己所走的路前方不通时，换一种思维，便能够取得意想不到的收获。否则，或许直到今天我们仍然光着脚走在牛皮铺垫的路上。

世界上，有创造力的人，到处都有出路，到处都需要他。但模仿者、追随者、因循守旧者，绝少有开辟新路的希望，也不会受到人们的欢迎。世界上更需要的是具有创造力的人，因为他们能脱离旧的轨道，打开新的局面。

标新立异的人，向着洒满阳光的大道走去。他们不会去做已有很多人在努力做的某项工作，也不会用别人所用过的方法，他们只会按照自己的思维，做着自己的事情。

对于试图成功的人来说，必须明白：人们为了认识尚未认识的事物，总要探索前人没有运用过的思维模式和行动方法，寻找没有先例的办法和措施，去分析认识事物，从而获得新的认识和方法，锻炼和提高人的认识能力。

这个时代并不欠缺机会，而是欠缺创意。只要你有新奇的想法，并付诸行动，就已经成功了一半。在生活的每个角落里，都隐藏着一些新鲜的东西，如果我们能够想到这一点，不断地从偶然的机会中挖掘对自己有用的信息，不断开发自己的创新能力，就能够打破思维的桎梏，使自己的生活和工作都更有创意。

不曾注意到的“盲点力”

日本著名心理学家多湖辉教授谈及盲点时提道：“自己看不到，这就是最大的盲点。”的确，我们常常欣喜地看待自己的优点，但对自己的缺点视而不见，其实这是一种逃避。当我们越是集中视角在优点上，视角也就越狭窄，自己能力的发挥也就会受到限制，自己创造的价值也会更加微小。反之，如果一个人善于寻找自己的盲点，并且善于利用那些原本不想看到的缺点，那么他的视角范围就会无限扩展。因为他不仅认清了自己的全部优势，而且把缺点加以利用，在这两种力量的作用下，他创造出的价值也自然会更大。

艾柯卡的父亲12岁时搭乘移民船从意大利来到美国，白手起家。他的父亲虽然富有，给他的零用钱却很少，因为父亲希望艾柯卡像所有美国家庭的孩子一样可以独立自主。所以艾柯卡平时都是靠送报纸、替人家割草、打扫卫生来赚钱买一些想要的东西。

一天，艾柯卡回家之后给史密斯太太打电话，问道：“史密斯太太，您需不需要割草工？”

史密斯太太回答：“不需要，我已经有固定的割草工了。”

他又说：“我还会帮您拔掉花园中的杂草。”

史密斯太太说：“我的割草工也是这么做的。”

他又说：“我还能免费帮您把花园通道两边的草修齐。”

史密斯太太回答说：“我请的割草工也是这样做的。我很满意他的工作。你再到别的地方问问吧，谢谢你。”

艾柯卡的妈妈听了以后感到很奇怪，问道：“你现在不就在史密斯太太家修剪草坪吗？为什么还要打电话呢？”

艾柯卡回答说：“我只是想知道我还有哪些地方做得不够好，这样我才能进行改进，才能比别人拥有更多的工作机会，才能赚到更多的钱。”

艾柯卡真的很聪明，他善于借助外界来寻找自己的盲点，这的确是一个拥有“盲点力”不错的方法。你可以聚集几位亲朋好友，让每个人把你不知道的自己的缺点写出来，接着针对每个自己不曾发现或是故意视而不见的“盲点”进行集中突破，直到让盲点变成生命中的闪光点。为了观察自己的盲点，你还可以在做每一件事之前都问一问自己：“如果不这样做会怎么样？”这样问的目的就在于找回逍遥自在的你。如果一件事不这么做，那么必然会减少许多束缚你的东西，会让你以一种全新的视角来观察自己，当缠绕在你身上的束缚减少后，你就能以一种更纯净的心思去观察生活中以及自身的每一个盲点了。

无论你是否承认自己拥有的事物，或是对自己不喜欢不想要的东西矢口否认，都无法让它们消失，因为它们已经存在。即便你对它们视而不见，它们仍然独立地生存于你的内在及身边，已经成为你生命中不可或缺的一部分。“盲点力”可以让你有意或无意地发现它们。无论有形的还是无形的事物，你都可以让它们成为看得见、用得到的美好事物，发挥出各自非凡的价值。

著名作家周国平曾说：“每一个人的长处和短处是同一枚钱币的两面，就看你把哪一面翻了出来。换一种说法，就每一个人的潜质而言，本无所谓短长，短长是运用的结果，用得好就是长处，用得不好就成了短处。”也就是说，你身上的那些自己不想注意到的“盲点”，只是你不懂得加以利用而已。相信如果你能坦然地面对一切优点与缺点，那么在这两种能量的共同作用下，你会创造出更多有价值的事物，做更优秀的自己。

敢于特殊化，才会脱颖而出

在我们中国人传统的做事方式中，人们推崇墨守成规的做法。如果打破常规则会招致人们的不满、反对，俗话说的“枪打出头鸟”就是警告人们不要挑战常规。然而，在当前急剧变迁的时代，很多新兴行业应运而生，很多事情是无章可循的。在现代社会，人们推崇不断创新、推陈出新的理念，要走特殊化的道路才能为自己开辟一片天地。如果一味地用常规的思维来做事，很难让自己脱颖而出。

在市场竞争如此激烈的年代，雷同化、单一化的产品已经泛滥成灾，沿袭常规的模式就是死路一条。面对摆在自己面前的难题，要解决它，就要采取特殊化的方式来处理。特殊化也就意味着你必须要打破常规，独辟蹊径，采取新思维、新思路，用自己独特的思维方式来解决问题。

国产动画片《喜羊羊与灰太狼》在很多的电视台黄金时段播出，每到播放的时间段，成千上万的儿童端坐在电视机前津津有味地观看这部片。这部动画片已经成为儿童最喜爱的动画片之一。大街小巷里，随处可见儿童用品，诸如衣服、鞋子、文具、玩具等物品上有喜羊羊的图像。甚至，就连年轻人也很喜欢这部动画片，并把动画片里的故事情节延伸到了生活中，“嫁人要嫁灰太狼，做人要做懒羊羊”就成了2009年人尽皆知的经典网络流行语。据一些业内的人士保守估计，这部动画片仅衍生产品的价值就超过10亿元以上，被人称为中国有史以来最赚钱的动画片。那么，这部动画片为什么能够收到如此巨大的成功呢？成功打造这部动画片的是广东原创动力文化传播有限公司，公司的总经理卢永强被人称为“喜羊羊之父”。他带领他的团队就是走了一条超越他人的特殊路径。

一直以来，国外的动画片在中国市场上都有很高的占有率。很多小孩子都是伴随着国外的经典动画片成长起来的，诸如《奥特曼》《聪明的一休》《机器猫》《蓝精灵》等作品。卢永强一直在考虑如何能够做出中国原创的动漫。他很执着于自己的梦想，毅然放弃了收入颇丰的编剧等工作，带领他的团队搞创作。当然，做出新意的创作之路是非常艰辛的。他们在经过反复的论证、实验过后，认为要颠覆传统动画片就必须改变以前动画片的不足，诸如说教的色彩浓厚、缺乏生活气息、不够幽默、缺少生气等，塑造快乐、生活化的动画片。

经过艰苦的创作历程，《喜羊羊与灰太狼》获得了巨大的成功，颠覆了以往中国动漫低幼、简单等诸多特点，获得了巨大的成功。

试想，如果卢永强一直沿袭以前动漫的老路，没有跳出传统的窠臼，那么就不会有这部动漫的诞生。一味地复制、模仿他人走过的道路，就注定不能开辟出属于自己的道路。只要能够找到自己不同于他人的特殊化所在，其实就距离成功不远了。

当然特殊化并不是凭空而来的，天上不会无缘无故地掉下馅饼。当然，不可否认，在当今社会，特殊化是对自己提出了更高的要求。因为，很多做法可能是很多人都尝试过了，留给自己的创意空间其实并不是很宽敞。这意味着必须具备更深厚的积淀、更高明的智慧，才能够迎刃而解。

第四章

有想法的人有未来

成功是“想”出来的

1926年的一个傍晚，哈佛大学一年级的学生，17岁的兰德走在繁华的百老汇大街上，从他面前驶过的汽车车灯刺得他眼睛都睁不开。他突然灵机一动：有没有办法既让车灯照亮前面的路，又不刺激行人的眼睛呢？他觉得这是很有实用价值的课题。兰德说干就干，第二天便去学校办了休学手续，专心研究偏光车灯的创造发明。

1928年，兰德的第一块偏光片终于制成了。他匆匆赶去申请专利，不料已有4个人申请了此项专利。他辛辛苦苦做出的第一项成果就这样白费了。3年后，经过改进的偏光片研制成功，专利局终于在1934年把偏光片的专利权给了兰德，这是他获得的第一项专利。1937年，兰德成立了拍立得公司。有人把他介绍给华尔街的一些大老板，他们对兰德的才能和工作效率十分赏识，向他提供了37.5万美元的信贷资金，希望他把偏光片应用到美国所有汽车的前灯上，以减少车祸，保证乘车人的安全。

1939年，拍立得公司在纽约的世界博览会上推出的立体电影更是轰动一时。观众必须戴上该公司生产的眼镜才能入场，这又为公司赚了一大笔钱。

有一次，兰德给他的女儿照相。小姑娘不耐烦地问：“爸爸，我什么时候才能看到照片？”这句话触动了兰德。经过多年的研究，他终于发明了瞬时显像照相机，取名为“拍立得相机”。这种相机能在60秒钟内冲洗出照片，所以又称“60秒相机”。拍立得公司1937年刚成立时，销售额为14.2万美元。1941年就达到100万美元，1947年则达到

150万美元，为10年前的10倍。“拍立得相机”投入市场后，使公司销售额从1948年的150万美元猛增至1958年的6750万美元，10年里增长了40多倍。

然而兰德并未就此停步，后来他又制造出一种价格便宜、能立即拍出彩色照片的新相机。兰德说：“一个企业，不仅要不断地推出新产品，改善人们的生活，给人们带来方便，而且要考虑下一步该怎么办。这样，企业就不会停滞不前，将永远充满活力。”

曾经就读于哈佛的拉尔夫·瓦尔多·爱默生是美国著名的散文作家、思想家。他说：“我们的生命是什么？不过是长着翅膀的事实或事件的无穷的飞翔。”

生活中很多“司空见惯”的日常现象看似平常，却隐藏着许多发明创造的契机。只要你善于联想，积极思考，就能发现它。

如果我们能够抓住问题，洞察它并寻求解决，那么，你就是懂得正确思考之要义的人。如果我们能形成一种有效的想法，并紧接着付诸实践，就能把失败转变为成功。问题来了，主动思考。

只有敢“想”、会“想”，思考成功、思考未来的人，才会是成功者的候选人。有着善于思考的习惯、敢于思考未来的人，才是社会的希望、未来的主人。所以有人说，成功是“想”出来的。

盖茨博士是美国的大教育家、哲学家、心理学家、科学家和发明家，他一生中在各种艺术和科学上有许多发明和发现。

拿破仑·希尔曾带着介绍信前往盖茨博士的实验室去造访他。

当拿破仑·希尔到达时，盖茨博士的秘书对他说：“很抱歉，这个时候你不能打扰盖茨博士。”

拿破仑·希尔问：“要过多久才能见到他呢？”

秘书回答：“我不知道，恐怕要3小时。”

拿破仑·希尔继续问：“请你告诉我为什么不能打扰他，好吗？”

秘书迟疑了一下，然后说：“他正在静坐冥想。”

拿破仑·希尔忍不住笑了：“那是怎么回事呢——静坐冥想？”

秘书笑了一下说：“最好还是请盖茨博士自己来解释吧！我真的不知道要多久，如果你愿意等，我们很欢迎；如果你想以后再来，我可以留意，看看能不能帮你约一个时间。”

拿破仑·希尔决定等待。

当盖茨博士终于走出实验室时，他的秘书给他们进行了介绍。拿破仑·希尔开玩笑地把他秘书说的话告诉他。在看过介绍信以后，盖茨博士高兴地说：“你不想看看我静坐冥想的地方，并且了解我是怎么做的吗?”

于是，他带着希尔到了一个隔音的房间。这个房间里唯一的家具是一张简朴的桌子和一把椅子，桌子上放着几本白纸簿、几支铅笔以及一个开关电灯的按钮。

在谈话中，盖茨博士说，每当他遇到困难而百思不解时，就走到这个房间来，关上房门坐下，熄灭灯光，让全副心思进入深沉的集中状态。他就这样运用“集中注意力”的方法，要求自己的潜意识给他一个解答，不论什么都可以。有时候，灵感似乎迟迟不来；有时候似乎一下子就涌进他的脑海；更有些时候，得花上两小时那么长的时间它才出现。等到念头开始澄明清晰起来，他立即开灯把它记下。

盖茨博士曾经把别的发明家努力钻研却没有成功的发明重新加以研究，使它尽善尽美，因而获得了200多项专利权。

由这个小故事，我们可以看到思考的魅力，它对个人的发展产生多么大的影响。创造性思维是大脑思维活动的高级层次，是智慧的升华，是大脑智力发展的高级表现形态。有人总是说：“思考？那是科学家、发明家和伟人的专利，我们可没有机会。”甚至有人说：“现在太忙，我哪有多余的时间和精力去思考。”

事实真的如此吗？当然不是。思考并不是科学家、发明家和伟人的专利，普通人同样有思考的权利，因为脑子是自己的，思考之权应该掌握在自己手里。毕竟，我们的一切活动，包括人际交往、对目标追求的手段和方式以及对更高层次生活的向往，等等，都是由思考决定的。

从成功这个意义上说，人的成就首先是“想”出来的，是在正确思考后，并采取行动做出来的。想就是思考。思考虽然看不见、摸不到，但它真实地存在着。有什么样的思考方式，就会有什么样的命运。如果你的思考和自信、成功、乐观联系在一起，那么你会有一个圆满的人生；如果你总是想到自卑、失败、忧愁，总是小心翼翼、蹑手蹑脚，那么你的命运也不会好到哪里去。

培养国际化视野

随着全球化步伐的加快，很多人才已经不满足于在国内做出成绩，他们积极地培养自己的国际化视野，立志于在国际范围内取得成就。

成功的人生应该是一种永远国际化视野的人生，封闭自我只能在开放的滚滚浪潮中沉沦。国际化视野能够开放你的内心，让你飞得又高又远；而封闭的心像一池死水，永远没有机会进步。如果你的心过于封闭，不能放眼国际，就等于锁上一扇门，禁锢了你的心灵。要知道偏狭就像一把利刃，会切断许多机会及沟通的渠道。

乾隆五十八年（1793 年），英国特使马戛尔尼到中国来通商。乾隆帝以天朝上国的姿态要求马戛尔尼三拜九叩，马戛尔尼则坚持只跪上帝，其他人一律不跪。双方相持不下，最后，彼此让步，乾隆恩准其免三拜九叩，但是让他以觐见英王的礼仪行了单膝跪拜礼。

礼仪之争让马戛尔尼颇为恼火，但是他期望自己带来的珍贵“礼物”足以打动大清皇帝的心。接下来，他们向乾隆展示了一系列“能显示欧洲先进的科学技术，并能给皇帝陛下的崇高思想以启迪”的事物：蒸汽机、棉纺机、织布机以及一系列能代表欧洲最先进科技的武器与生产工具等。但乾隆皇帝对这些东西似乎一点也不感兴趣，而他最宠爱的福康安将军，对于英国卫队表演的欧洲火器操则轻描淡写地说：“看也可，不看也可，这火器操想来没有什么稀罕。”对于马戛尔尼提出中国可以广开通商口岸的意见，乾隆很是无所谓：“天朝物产丰富，无所不有，原不借外夷货物以通有无。”

“我天朝无所不有，焉用外求”的妄自尊大的心理，使清朝封建统治者实行了闭关锁国政策。他们既昧于世界大势，又盲目排外。正当封建统治者自我满足昏睡无知时，西方列强已经进入轰轰烈烈的工业革命时代。当大炮、军舰对准夜郎自大的清朝时，大部分中国人还不知道英吉利在世界的哪个角落。

晚清的闭关锁国政策把中国完全封闭了起来，使其处于一种与世隔绝的状态，严重阻碍了中国与世界的联系，妨碍了对世界先进文化和科学技术的吸收，拉大了与世界的距离，最终导致了近代中国长期处于落后挨打的局面。封闭保守会使一个国家沦陷，使一个时代终结。蒙牛集团创始人牛根生说过：“凡系统，开放则生，封闭则死。”国家如此，社会如此，人亦如此。

1698 年，当几位大臣恭敬地问候远途归来的帝王时，高大魁梧的帝王突然操起手中的剪刀朝他们的胡子剪去。这个帝王就是俄国沙皇彼得大帝，他的这一刀剪开了俄国一系列改革的大幕。

17 世纪末的俄国是一个落后的国家，同西欧相比，俄国在各方面都比西欧落后：神职人员显得愚昧无知；文学暗淡无光，数学和自然科学无人问津；盛行农奴制——实际上农奴的数目在增加，而其合法权利在减少。当俄国沉睡在中世纪的时候，欧洲的文学和哲学已经出现了一片兴旺繁荣的景象，牛顿关于万有引力的著述已经问世。

从小就有着远大抱负与坚强意志的彼得大帝在亲政后下决心向西欧学习。1697—1698 年，彼得以一个下士彼得·米哈伊洛夫的身份率领了一个大约由 250 人组成的“庞大的使团”到西欧进行了一次长途旅行。在这次旅行期间，他为荷兰东印度公司当了一定时期的船长，还在英国造船厂工作过，在普鲁士学过射击。他走访工厂、学校、博物馆、军火库，甚至还参加了英国议会举行的会议。总之，他尽了最大的努力学习西方的文化、科学及行政管理方法。1698 年，回到俄国的彼得大帝开始了大规模的改革，创建新军，实行义务征兵制；大力发展工商业；提高政府工作效率，加强中央集权；重视贵族子弟的教育，仿照西方模式开办学校等。

在彼得大帝的统治下，俄国从一个几近被边缘化的国家一跃成为欧洲强国，跨进了现代世界的门槛。

彼得大帝不是一个顺乎潮流的君主，而是一位站在时代前列的改革家。彼得大帝的先见之明使俄国历史发生了巨大的变化，他富有改革意识和开拓精神，使俄国走上了一条以前从未想过要走的路。

曾任中央电视台《赢在中国》总制片人、主持人的王利芬女士这样说：“开放是我们时代的趋势，是互联网的精神，任何一个个体在时代趋势面前都会显得微不足道，常常是时代的浪涛冲刷着那些不开放的障碍，最后开放变得不可阻挡。所以，主动的开放就是弄潮儿，而被动的开放抵抗则是残缺的石岸。”她的成功也得益于她的国际化视野。

《赢在中国》是我国目前最受关注的财经节目之一。这个节目吸引了无数怀揣创业梦想的选手前来参选，还请来了马云、牛根生、熊晓鸽等著名的企业家担任嘉宾。而这个节目的形成和总制片人、主持人王利芬在海外学习的经历和思考是分不开的。

几年前，王利芬在美国布鲁金斯协会下的中国中心进行电视研究。一次偶然的机会，她看了 NBC 黄金档节目《学徒》，从而大受启发，开始思考是不是可以借鉴美国模式办一档中国的商业人才选拔的电视节目。

因为眼界开阔，王利芬想到了借鉴国外成功电视节目的好点子，但《赢在中国》最终能成功，还得益于她脑界的开放：完全照搬必死无疑，因为美国《学徒》中的价值观和中国人的价值观并不吻合。经过深思熟虑，王利芬终于找到了一个中国化的主题——“励志，创业”，由此才有“励志照亮人生，创业改变命运”的《赢在中国》的诞生。

培养国际化视野，要求我们拥有开放的思想，开放的思想来源于开放的眼界，开放的眼界来源于开放的行动，开放的行动来源于开放的知识。生活在一个国际化的世界中，我们也要以开放的胸襟、开放的思维、开放的勇气、开放的行动，来培养自己的国际化视野，为自己迎来一个不断开放、不断进步的人生。

想掌控未来，就要对未来有所预见

1910 年，28 岁的他只是一个从耶鲁大学中途辍学的木材商人。有一天，他在观看了一场飞行表演后突发奇想：为什么不把飞机改造成经济实用的交通工具呢？自此，他对飞机产生了浓厚的兴趣，并不断研究飞机的构造。因为那时飞机只处于启蒙时期，驾乘飞机只是少数人用以娱乐、运动的一种昂贵消费，所以当时科学界对他提出的所谓“发展航空事业”嗤之以鼻。但他并未就此放弃，而是开始了十几年如一日的飞机制造。

20 世纪 20 年代，他觉得替美国邮政运送邮件将会是一桩赚钱的生意，于是决定参加“芝加哥—旧金山邮件路线”的投标。为了赢得投标，他把运输价格压得非常低，反而引起了专家们的怀疑，他们认为他的公司必倒无疑，甚至邮政当局也怀疑他能否撑得下去，要求他交纳保证金才肯签约。但他自信满满，他对公司所研制的飞机质量进行了严格要求，不出所料，他的邮件运送业务开始获利，很快，他从运送邮件发展到载运乘客。

“二战”结束后，航空工业空前萎靡，他的公司也停产了。为谋生计，他不得不转为制作家具，但仍想方设法供养着公司里的几个重要骨干，以保证飞机研发计划能继续进行。他身边传来各种各样的声音，大部分人认为他太过狂热，不切实际，但他坚信，航空业终究会柳暗花明，他说：“我可以预见未来……”

他就是这样特立独行、我行我素。今天，这个“自以为是”的人所创立的飞机制造公司已经成为全世界最大的商用飞机制造公司之一，他便是闻名全球的波音飞机制造公司的创始人——威廉·波音。

“除了事实之外，再也没有权威，而事实来自正确的认知，预见只能由认知而来。”这是古希腊哲人希波克拉底的话，它也曾被作为座右铭挂在威廉·波音办公室的门上。

要想比别人看得远，我们就要比别人站得高些；要想比别人走得远，我们就要比别人想得远些。一个想掌控未来的人，就应该像威廉·波音一样对自己的未来有所预见，否则，只会陷入眼前的困惑，想不开、走不出，不仅会减缓成功的速度，也容易多走弯路，甚至遭遇险情。

培养自己预见未来的能力，要先从培养细致准确的观察力和超前思考的能力入手。众多杰出人士的共同点就是善于观察和思考，通过这两项能力，他们才能看到别人看不到的前方，才能高瞻远瞩地看清时代的发展方向。他们的思维总是超前的，所以他们能够引领时代的潮流。

生活中，那些对自己的未来没有预见的人，往往会被眼前的利益所蒙蔽，看不到远方的危险。所以，要学会高瞻远瞩，培养自己预见未来的能力，拥有开阔的眼界，只有这样才能拓宽人生的平台，找到最适合自己的路。

在预见未来的时候，人非常容易犯想当然的错误，许多认识上的错误都是想当然造成的。事实上，貌似理所当然的事情往往并非必然，这是因为世界上的事物是错综复杂的，一个条件可得出多种结果，一果亦可能多因，影响事物变化发展的，除了必然性，还有偶然性。

想当然的猜测不是科学的预见，它会将我们的人生规划和行动引向歧途，所以我们要尽力减少想当然的错误，时时提醒自己不要轻易下结论，时时问自己：“我的判断充分吗？我的预测合理吗？”只有这样，才能做出理性的判断和有价值的预见。

“要是我早点儿开始就好了！”这是很多人到了一定年龄后的感叹。为了避免将来后悔，最好及早开始。当然，人的预见不可能永远正确，也会有失误的时候，不过，以失误最少者为指针，则是不变的方法。能够弥补这种失误的方法，就是多观察、多思考，用理性的头脑分析问题。要知道，人生中有很多事情，不是你有意愿如此就能成功，还需要通过智慧来慢慢实现。

带着超前意识生活，眼光着眼未来

你是否经常会不知所措，认为找不到人生的方向，觉得一切都十分渺茫，不知道现在应该做些什么，该怎样解决这些困扰呢？让我们读一下下面这则故事，你可以从中得到一个很好的答案，或许在这个阶段，可以很实际地帮助你走出目前的困境。

这则选登在《读者》上的故事以自叙的方式，描绘了主人公在茫然迷惑的境地如何决定自己的人生路线。

那时主人公19岁，在美国某城市的一所大学主修计算机，同时在一家科学实验室工作，繁忙的学习与工作让他一天的24小时几乎没有任何空余，但他仍一有时间便从事其所钟爱的音乐创作。

他酷爱作曲，出于对音乐共同的热爱，他结识了一位与他同龄的作词的女孩，也正是这位聪慧的女孩让他在迷茫中找到了事业的起步点。

她知道主人公对音乐的执着，然而，面对那遥远的音乐界及整个美国陌生的唱片市场，他们没有任何渠道和办法。某一天，两人又是静静地坐着，若有所思，但又一无所获，他甚至不知道目前的自己应该做些什么。突然间，她很严肃地问了他一个问题，想象一下，5年后的你在做什么？他愣了，不知该如何回答。她转过身来，继续给他解释："你心目中'最希望'5年后的你在做什么，你那个时候的生活是一个什么样子？"

主人公沉思过后，说出了自己的期望：第一，5年后他希望能有一张广受欢迎的唱片在市场上发行，得到大家的肯定；第二，他要住在一个音乐丰富的地方，天天与一些世界上顶级的音乐人一起工作。

下面女孩的话对主人公意义重大，她帮助他做了一次时光推算：

如果第五年，他希望有一张唱片在市场上发行，那么，第四年他一定要跟一家唱片公司签上合约。那么，第三年他一定要有一个完整的作品能够拿给多家唱片公司试听。第二年，一定要有非常出色的作品已经开始录音了。这样，第一年，他就必须要把自己所有要准备录音的作品全部编曲，排练就位，做好充分准备。第六个月，就应该把那些没有完成的作品修饰完美，让自己从中逐一做出筛选，而第一个月就是要把目前手头的这几首曲子完工。因此，第一个星期就是要先列出一个完整的清单，决定哪些曲子需要修改，哪些需要完工。话说到此，她已经让他清楚自己当下应该做些什么。

对于主人公的第二个未来畅想，她继续推演，如果第五年他已经与顶级乐人一起工作了，那么，第四年他应该拥有自己的一个工作室。那么，第三年，他必须先跟音乐圈子里的人在一起工作。第二年，他应该在美国音乐的聚集地洛杉矶或者纽约，开始自己的音乐旅程。

主人公在这番时光推演中，找到了自己的人生路线，他让未来决定自己当下应该做的事情。第二年，他辞掉了令人美慕的稳定工作，只身来到洛杉矶。大约第六年，他过着当年畅想的生活。

这个故事读来，意味深长。当你在感到困惑时，学学这位主人公，静静想想，5 年后你“最希望”看到自己在做什么？

如果，你自己都不知道这个答案的话，你又如何要求别人为你做出选择或开辟道路呢？生命中，上帝已经把所有“选择”的权利交到我们自己手上。如果，你对你的生命经常问：“为什么会这样？”你不妨试着问一下自己，你曾否“清清楚楚”地知道你自己要的是什么？多想想“未来将是什么样子，如何变为那个样子”，而不是一直在痛苦“路该怎么走”。

人常常想得很多，做得很少，为了不造成遗憾，要及早把握成功的机会，让未来的你决定现在要做的事。

冷静思考，成功不走弯路

人类最有力的武器就是思考。在人的一生中，思考无时无刻不在左右人的行为，影响人的人生轨迹。一个不善于进行理性思考的人，往往就会在行动中失去方向，走上歧途，越努力，错得越多；而只有在正确思考的基础上，才能拥有思考带来的益处，成功才能不走弯路。

史威济非常喜欢打猎和钓鱼，他最喜欢的生活是带着钓鱼竿和猎枪步行50里到森林里，过几天以后再回来，精疲力竭，满身污泥而快乐无比。

这种嗜好唯一不便的是，他是个保险推销员，打猎钓鱼太花时间。有一天，当他依依不舍地离开心爱的鲈鱼湖，准备打道回府时，突发异想：在这荒山野地里会不会也有居民需要保险？那他不就可以同时工作又能户外逍遥了吗？结果他发现果真有这种人：他们是阿拉斯加铁路公司的员工，他们散居在沿线500里各段路轨的附近。他可不可以沿铁路向这些铁路工作人员、猎人和淘金者售保呢？

史威济在想到这个主意的当天就开始积极计划。他向一个旅行社打听清楚以后，就开始整理行装。他没有停下来让恐惧乘虚而入，过多的疑虑只会使他认为自己的主意很荒唐，认为它可能失败。他也不左思右想找借口，只是搭上船直接前往阿拉斯加的“西湖”。

史威济沿着铁路走了好几趟，那里的人都叫他“步行的史威济”，他成为那些与世隔绝的家庭最受欢迎的人。同时，他也代表了外面的世界。不但如此，他还学会理发，替当地人免费服务。他还无师自通地学会了烹饪，由于那些单身汉吃厌了罐头食品和腌肉之类，他的手艺当然使他变成最受欢迎的贵客。而在这同时，他也正在做一件自然而然的事，正在做自己想做的事：徜徉于山野之间、打猎、钓鱼，并且像他所说的——“过史威济的生活”。

在人寿保险事业里，对于一年卖出100万元以上的人有光荣的特别头衔，叫作“百万圆桌”。在史威济的故事中，最不平常而使人惊讶的是：在他把突发的意念付诸实施以后，在动身前往阿拉斯加的荒原以后，在沿线走过没人愿意前来的铁路以后，他一年之内就做成了百万元的生意，因而赢得“圆桌”上的一席之地。假使他在突发奇想时，对于做事的方式有半点儿迟疑，这一切都不可能发生。

冷静思考之所以一直被我们所推崇，是因为冷静思考者不会意气用事，他们以理性而准确的方式处理问题，不会受情绪的左右。

瑞德没有受过正式的学校教育，但他是一个冷静思考的人，这使他成为世界上最富有的人之一。他不浪费时间争辩琐碎或不重要的事情。他根据事实，迅速地做出决策。有一天他遇到一位老朋友斯曼，斯曼听说瑞德准备开1000家食品连锁店，感到非常惊讶。“我的合伙人和我，”斯曼说，“只开了一家店就忙不过来了，你还想开1000家！这是错误的想法，瑞德。”

“错误？”瑞德说，“我的一生都在犯错。但是，如果我犯了错，绝对不会停下来讨论。我会继续下去，犯更多的错。”

瑞德继续他食品连锁店的计划。后来，每个星期瑞德连锁店的营业额都高达数百万美元。

冷静思考者一直都被当作人类的希望。因为他们在他们所做的事情上扮演着先锋者的角色，在理性、睿智的思考中，他们能够不断创新。他们不断创造工业和商业，发展科学和教育，并鼓舞着道德和宗教。思考，为勤奋增添了一对远飞的翅膀，让勤奋者能够走得更远，飞得更高。

爱默生曾经说过：“当上帝释放一位思想家到这个星球上时，大家就得小心了，因为所有事物都将濒临危险，就像在一座大城市里发生火灾一样，没有人知道哪里才是最安全的地方，也没有人知道火什么时候才会熄灭。科学的神话将使人类发生变化；所有的文学名声以及所有所谓永恒的声誉都可能会被修改或指责；人类的希望、人类的思想、民族宗教以及人类的态度和道德都将受下一代摆布。普遍化将成为神力注入思想的新汇流口，因此悸动也跟随而来。”

爱默生生动地指出冷静思考的重要性，当一个人开始思考的时候，他已经开始与众不同了。因为每个人有每个人的想法。尤其在面临困境的时候，思考更是让我们摆脱困境的关键因素。培养自己冷静思考的能力，让自己无论在什么情况下都能淡定自若。

思考是成功的来源，只有当我们渴望成功的时候，我们才会得到成功。如果我们从未想过要成功，那么是很不容易成功的。信仰是脑子里的真理，意念是心中的火焰，成功来自于思想，思想能够掌握人生。

用智慧的头脑引领卓越

世界上卓越的人，往往是会找方法的“懒人”。他们“懒”，是因为他们总是善于寻找省时省力而又高效的工作方法，发明与创新是他们“偷懒”的结晶。从这个意义上说，懒能够催生效率、创新、生产力，甚至推进社会进步。爱迪生在担任电报操作员时，发明了一种可以在工作时打盹的装置。在原始社会生产力水平极为低下的情况下，人类自己成了唯一的能量来源，但人平均拥有的能量是十分有限的。显而易见，如果光凭人力，社会是不会发展到今天的，对一个人而言更是不可想象。人们有时会发牢骚说，那些苦命干一辈子的人，到头来依然很穷，命运是不公平的。但问题不在于公平不公平，而在于你是否能找到“偷懒”的方法，更合理地利用自身的有限资源。

那些卓越的人常常会在工作时给自己提这个问题：“能不能找到比这更简单的办法？”能在一个小时内办成的事情，为什么要用两个小时？如何在一个小时内完成任务，则是他们思考的目标所在。在工作中，将忙和效率混为一谈是不全面的，一味的忙未必能有好结果。詹姆斯·沃森说：“如果你想完成一件大事业，那么你有必要降低一些工作量。”

对自己所从事的事业进行思考，并思考如何提高效率的人，并不缺少，而如何在自己做学问的过程中，对大众的普通反应提出质疑、进行反思并得出结论的就不多了。下面的这位韩国学生就是这样一个人。

1965 年，一位韩国学生到剑桥大学主修心理学。在喝下午茶的时候，他常到学校的咖啡厅或茶座听一些成功人士聊天。他们是各个领域叱咤风云的人物，这些人幽默风趣，举重若轻，把自己的成功都看得非常自然和顺理成章。时间长了，他发现，在国内时，他被一些成功人士欺骗了。那些人为了让正在创业的人知难而退，普遍把自己的创业艰辛夸大了，也就是说，他们在用自己的成功经历吓唬那些还没有取得成功的人。

学心理学的韩国学生将韩国成功人士的心态作为自己的研究课题。1970 年，他把《成功并不像你想象的那么难》作为毕业论文，提交给现代经济心理学的创始人威尔·布雷登教授。布雷登教授读后，大为惊喜，他认为这是个新发现，这种现象虽然在东方甚至在世界各地普遍存在，但此前还没有一个人大胆地提出来并加以研究。惊喜之余，他写信给他的剑桥校友——当时正坐在韩国政坛第一把交椅上的人——朴正熙。他在信中说："我不敢说这部著作对你有多大的帮助，但我敢肯定它比你的任何一个政令都能产生震动。"

这本书的出版轰动了韩国，鼓舞了许多人，因为他们从一个新的角度告诉人们，成功与"劳其筋骨，饿其体肤""三更灯火五更鸡""头悬梁，锥刺股"没有必然的联系。其实，与勤奋相比较，智慧更加重要，只要你在某一领域拥有热情并能不断"偷懒"创新，就自然能够成功。后来，这位青年也获得了成功，他成为韩国泛亚汽车公司的总裁。

韩国学生用自己的智慧走向了成功。对于卓越的人来说，是不甘心平庸于每一天，不甘心沉浸于某一种状态，他们成为"懒人"，不断寻找新方法新规律，找到成功的捷径。

我们生活中有很多人非常勤奋，求学时期他们废寝忘食，每天只睡五六个小时，其他时间都用来学习，但他们的考试成绩不一定比那些"懒人"高。进入社会，他们工作依然十分努力，每天来得最早，回去得最晚，但他们的业绩也不一定是最高的。他们如此勤奋，却好像永远赶不上"懒人"，最关键就在于他们没有发挥自己的智慧，没有找对方法。

然而，对那些"懒惰"的卓越人士来说，敢于对看似平常、看似平静如水的生活提出思考，是他们成功的秘诀所在。

越战期间，美国好莱坞举行过一次募捐晚会，由于当时的反战情绪高涨，募捐晚会以1美元的收获而告终，创下好莱坞的一个吉尼斯纪录。但在这次晚会上，一个叫卡塞尔的小伙子一举成名。

当时他让大家在晚会上选一位最漂亮的姑娘，然后由他来拍卖这位姑娘的1个吻，最后他募到了难得的1美元。

德国的某一猎头公司发现了这位天才，他们认为卡塞尔是棵摇钱树，谁能运用他的头脑，必将财源滚滚。于是，这家公司建议日渐衰萎的奥格斯堡啤酒厂重金聘他为顾问。

1972年，卡塞尔移居德国，受聘于奥格斯堡啤酒厂，在那里异想天开地开发了美容啤酒和浴用啤酒，从而使奥格斯堡啤酒厂一夜之间成为全世界销量最大的啤酒厂。

1990年，卡塞尔以德国政府顾问的身份主持拆除柏林墙，这一次，他使柏林墙的每一块砖都以收藏品的形式进入了世界上200多万个家庭和公司，创造了城墙砖售价的世界之最。

1998年，美国赌城——拉斯维加斯正上演一出拳击喜剧，泰森咬掉了霍利菲尔德的半只耳朵。出人意料的是，第二天，欧洲和美国的许多超市竟然出现了“霍氏耳朵”巧克力，其生产厂家是卡塞尔所属的特尔尼公司。这一次，卡塞尔虽因霍利菲尔德的起诉输掉了盈利额的80%，然而，他天才的商业洞察力给他赢来年薪3000万美元的身价。

卡塞尔应休斯敦大学校长曼海姆的邀请，回母校做创业方面的演讲。在那次演讲会上，一个学生当众向他提了这么一个问题：“卡塞尔先生，您能在我单腿站立的时间里，把您创业的精髓告诉我吗?”那位学生正准备抬起一只脚，卡塞尔就已答复完毕：“生意场上，无论买卖大小，出卖的都是智慧。”

不仅是生意买卖，整个人生都是一个出卖智慧换取幸福的过程。机遇青睐的是有头脑有智慧的人，是智慧让一个人走向成功和卓越。

卡塞尔能够走向卓越关键在于他的智慧，一个善于开启智慧头脑的人，一定是个善于发现机会和勇于开拓的人。运用智慧的人，比只会埋头苦干、不善思考的人更受欢迎。

看了这么多卓越人物的故事，我们自然就会发现那些成功者的成功关键——偷懒，用智慧代替埋头苦干。

在资讯泛滥时代筛选有益资讯

现代社会是一个资讯泛滥的时代，网络、电视、报纸等媒体上充斥着各种各样的资讯。处在竞争中的职场人会扩大渠道，尽量多地收集各种各样的信息。这些信息中，有的是可以促进你获得成功的，而有的是负面的，它们不但不会对你的工作产生促进作用，还会产生阻碍作用。更有些信息本身就是假信息，它会带你走上弯路甚至歧途。

当我们掌握了许许多多的信息后，首先，要去伪存真，剔除虚假信息对自己的干扰；其次，就是要对真实的信息进行筛选，选出对自己实现目标有利的因素，去除那些阻碍因素；最后，就是要利用筛选出来的有用信息，根据自己的认识、判断力采取有效行动，达到目标。

布朗先生是美国某肉食品加工公司的经理，一天，他在看报纸的时候，看到一个版面上有以下几条信息：美国总统将要访问东欧诸国；部分市民开始进行反战游行；英国一科学研究室称未来10年有望克隆人体；墨西哥发现了类似瘟疫病例等。看到这些信息，他的职业敏感性马上让他嗅到了商业机会的气息。他意识到“墨西哥发现了类似瘟疫病例”这条信息对自己很重要。他马上联想到：如果墨西哥真的发生瘟疫，则一定会传染到与之相邻的加利福尼亚州和得克萨斯州，而从这两州又会传染到整个美国。事实是，这两州是美国肉食品供应的主要基地。果真如此的话，肉食品一定会大幅度涨价。于是他当即派医生去墨西哥考察证实，查证结果是：这条信息是真实可信的，墨西哥政府已经在想办法联合美国部分州政府共同抵御这场灾难。于是，他立即集中全部资金购买了加利福尼亚州和得克萨斯州的牛肉和生猪，并及时运到东部。果然，瘟疫不久就传到了美国西部的几个州，美国政府立刻下令禁止这几个州的食品和牲畜外运，一时美国市场肉类奇缺，价格暴涨。布朗在短短几个月内，净赚了900万美元。

这一成功的案例中，布朗先生所做的几点是值得我们学习的。首先，他从各种政治新闻、科技新闻、社会新闻中发现了一条可能对自己有用的信息；其次，他及时地验证了信息的真伪；再次，他采取了果断的行动。同时，他还运用了自身的其他信息储备。他的地理知识帮了他的忙：美国与墨西哥相邻的是加利福尼亚州和得克萨斯州，此两州为全美主要的肉食品供应基地。另外，依据常规，当瘟疫流行时，政府会下令禁止食品的外运。禁止外运，便会使美国肉类奇缺、价格高涨。精明的布朗就是运用善于对信息进行筛选这一本领加之其他方面的能力，获得了900万美元的利润。

收集与积累信息只是一个准备过程，有些东西也许你从来都不会用上它，而且有些信息的出现绝对是一次性的，此后出现的信息也不会与以前的完全一样，那为什么还要去收集与整理并建立信息库呢？

其实这是个锻炼思维的过程，想提高自己的财商，就要学会从所收集的信息中挑选出有价值的，并努力去应用它。只有经过无数事实的验证之后，你才会获得一种特别的经验，需要时你就能牢牢抓住那些提供成功机会的信息。

我们可以做这样的练习，即仔细、认真地阅读报纸，多读多看，把自以为重要的信息剪下来，进行前后对比，并对信息进行考察、筛选，看哪些信息现在就可以利用，哪些信息以后可能会有用，然后对信息进行加工处理，最后得出结论。

在平时，我们就应该注意进行对信息收集和筛选的训练。生活中多观察、多思考，看哪些信息是真实的，哪些信息是我们可以利用的，哪些信息是可以为自己带来效益的。熟练地驾驭了信息，你能够发现更多的机会，有更好的发展。

第五章

不创造就什么都实现不了

智者永远比别人早一步

人在天生的本质上并没有太大的区别，可是在生活中有成功者、有失败者，在事业上，也有智者愚者之分。智者和愚者的差别就在于采取行动的时机——智者早一步，愚者晚一步。

微软公司主席和首席软件设计师比尔·盖茨是一个永远先行一步的人。他最令人畏惧之处，就是能看到一般人看不到的东西，将洞察力与策略相结合，描绘出一个独一无二的远见，并实现它。

在业界，微软以善于把握“未来的力量”而为人所称道，而微软又唯盖茨马首是瞻。历史上，盖茨曾两次凭借先行一步的远见而令对手胆战心惊。

盖茨的第一大远见在 1975 年，他预言要使电脑进入每个家庭。微软第一个远见计划的标志性产品是 Windows95；盖茨的第二大远见计划起始于 1998 年，他认为，在未来的新世纪里，网络会变得越来越重要，PC 不再只是孤立的存在，而将变成连贯网络的一系列设备中最重要的设备。2000 年，盖茨和公司总裁史蒂夫·鲍尔默提出了战略性的 NET 战略。2005 年，盖茨又抛出了“长角牛”新视窗——被视为视窗系统中近年来最具雄心、最令人震惊的进步。

微软的发展壮大证明了一条真理：永远比别人早走一步，就能永远走在别人的前面。只有早迈出一步，敢想、敢做，用好的心态去迎接挑战，才能成为真正的“智者”。

传说有一位聪明的商人，听说西方有一个奇怪的国度，那里的人们从没见过大蒜。于是商人运了几车大蒜，经过艰苦跋涉，终于抵达目的地。他果然猜对了，人们想不到世界上还有味道这么奇妙的东西。因此，他们用当地最热情的方式款待了这位商人，临别还赠予他几袋珍珠宝石作为酬谢。

另外一位商人听说了这件事后，不禁为之动心，他想：大葱的味道不也很好吗？于是他带着葱来到了那个地方。那里的人们同样没有见过大葱，甚至觉得大葱的味道比大蒜还要好！他们更加盛情地款待了商人，并且一致认为，用珍珠宝石远不能表达他们对这位远道而来的客人的感激之情，经过再三商讨，他们决定赠予这位朋友几袋大蒜！

生活往往就是这样，你抢先一步，占尽先机，得到的是成功和财富；而步人后尘，东施效颦，就只能得到一些毫无价值的东西。

要想在竞争中获得发展，在行动中实现成长，就需要不断开拓未来的道路。不要坐等机会的到来，也不要以为平坦的阳光大道会一直铺在你的脚下——即使机会已经来到你的身边，即使阳光大道已经铺在你的脚下。如果你不抓住机会，不迈步向前，那你永远也不会前进一步。永远要比竞争对手更先采取行动，永远要比自己原先期望的做得更好，这样你才能够永远走在别人的前面，当然，你也将早一步问鼎成功！

可以没有天赋，不能没有勤奋

勤奋的道理每一个人都懂，但不是每一个人都能做到的，而那些真正能做到的人，往往会获得成功。

在公司中，晋升到重要职位的人，通常都是最努力、最投入工作的人。他们会不断物色公司里像自己这样的人，所谓物以类聚。所以，想得到胜出的机会，除了为自己建立好的自我意识外，最快、最有效的做法莫过于勤奋工作。

不幸的是，生活中，大多数人都好逸恶劳，只求做好分内的工作，不被开除就好。根据罗伯哈福国际公司调查，一般人拿了薪水，却只花了50%的时间在工作上。管理阶层的人甚至在私下接受访问时也承认，大概有整整50%的上班时间，根本是用在处理与工作甚至与公司完全无关的私事。根据调查，上班族每天有37%的上班时间浪费在和同事无聊的闲聊上，另外22%则是浪费在迟到、早退上，有些则是浪费在休息和延长午餐时间上，又有些时间是因为私事和打私人电话而消耗掉了。如果这些被浪费的时间能够完全用到工作中去，那么一个人的工作效率和工作成果会有多大的提升，其结果就可想而知了。

想要在35岁之前超越他人，成为一个卓越者，天赋固然重要，但是比天赋更重要的是勤奋，是对时间争分夺秒的运用。

邓亚萍虽然身材矮小，但她依然凭借自己的凌厉球风，叱咤世界乒坛，让许多高大的球员望而生畏。在她的身上，似乎永远有一种斗志，让所有的不可能消失遁形。她是中国乒坛的骄傲，她是世界乒坛的传奇。

著名的乒乓球运动员邓亚萍从小就有一股练球的痴迷劲头，并把当一名优秀的乒乓球运动员作为自己一生的理想。身为乒乓球教练的父亲对此也感到十分欣慰。他给邓亚萍制订了一个系统的训练计划。在父亲的训练下，邓亚萍技艺超群，小小年纪就打败了很多成人对手。不仅如此，邓亚萍打球总是特别投入，简直像是在玩命。她一直在坚持自己的理想：我一定要把球打好，一定要成为一名优秀的乒乓球运动员。

后来，为了进一步挖掘邓亚萍的潜力，父亲亲自送女儿进省集训队。邓亚萍没有辜负爸爸的希望，在几个月的集训中，她所向披靡，和她打球，高她半个头的队员都怕她三分。单纯的小亚萍满心喜悦地等待进省队的通知。

半个月过去了，谁知，小亚萍等到的却是“个子太矮，没有发展前途”的答复。

伤心的邓亚萍放声大哭，她对爸爸说：“爸爸，我不矮，我能行！我要进省队，我要当一个好运动员，我一定能拿到冠军，这个世界没有‘不可能’的……”女儿的哭声坚定了爸爸帮助女儿实现理想的决心。

第二天，父亲带着小亚萍又来到郑州市乒乓球队。教练李凤朝毅然决定收下这个除个子不高之外，其他条件都有明显优势的小姑娘。

来到市乒乓球队以后，邓亚萍非常珍惜这次可以实现自己理想并来之不易的机会，开始了艰辛的训练。她从来不因为个子矮小而减少自己的训练量和训练强度。她相信别人能做到的事情，自己也一定能做到，而且她还坚信自己一定能做得更好。只要坚持到底，一定能实现自己的理想，她坚信这个世界没有“不可能”。

有一次训练，身材矮小的邓亚萍拼命追赶，仍然不能按时跑完3000米。教练铁青着脸，二话没说，命令小亚萍再跑一圈。不合格，命令再跑……小亚萍的倔劲儿上来了，一言不发地跑着。

教练看着大口大口喘着气、脚都抬不起来的小亚萍，心里有点儿不忍，才命令她停下来，但又不肯轻饶她，就用罚款5角的办法作为警示，并明确告诉小亚萍，什么时候合格，什么时候来领罚款。

小亚萍没有气馁，她知道教练的用心良苦，也知道自己的不足，要打好球，就要有比别人更强的体力，能更灵活地跑动。同时，小亚萍深信在自己的努力下，一定能够做到这一点。

在操场上，她不停地练习，不跑完、不达标誓不罢休。经过一次又一次的训练，她终于突破了自己，在规定时间内跑完了3000米。

没有什么不可能。坚定自己的理想，尽自己最大的努力，理想这盏指路明灯就会引导我们从平凡走向杰出。

忍耐和坚持是痛苦的，但它会逐渐给你带来好处，成功总有一天会出现在你的面前。也许前方因为困难和挫折而一路黑暗，但你的勇敢和坚强会为你点亮一盏心灯，它不断地在向你召唤，要想接近它，必须一刻也不能停止前进的步伐，要付出很多，包括许多你不想放弃的东西。而这种付出，能让你去战胜那些困难，战胜那些“不可能”。

邓亚萍没有辜负所有人对她的期望，用她的刻苦努力一次次突破了常人眼中的“不可能”。在球场上，她所向披靡，她成了中国乃至世界上最棒的乒乓球运动员。

邓亚萍的经历一点儿都不让我们感到惊讶，一个人的成就和他的勤奋程度永远是成正比的。试想，如果邓亚萍不是那么勤奋，她绝对不会取得日后的成就。

勤奋是到达卓越的阶梯。如果你是一名懒惰者，那么，你就永远不会和卓越者有任何关系。勤奋的人会得到更多的机会，也比懒惰者有着更加丰富的社会关系。勤奋是一种美德，是一个人热爱工作、热爱生活的体现。勤奋地学习可以帮助你攀到知识的顶峰，勤奋地工作可以换来职位的晋升和领导的器重。总之，勤奋是前进路上必不可少的因素，勤奋也是一个人能否有所成就的重要指标。

有知识，更要锤炼见识和胆识

关于知识、见识和胆识，字典里给出的解释：知识的意思是人们在改造世界的实践中所获得的认识和经验的总和；见识的意思是见闻、知识；胆识的意思是胆量和见识。

知识大部分是书本上得来的，基本上属于理论范围；见识是在知识的基础上有一定的实践；而胆识是人的能力和魄力，是才华和知识的集合。知识的内容包罗万象，所涉及的范围广泛。而见识是平时我们对周围社会和事物的观察、思考和积累的程度，是一个人通过参与社会实践所获得的认识和经验的积累。此外，见识还意味着一个人对事物认识的维度，即深度、高度和广度。

人常常在不知不觉中，以目前仅有的见识来企求自己所希望得到的东西。人生仅有一次，如果只相信自己的见识，得到的将会只是一个狭窄的人生。应该发散思维，开放心中的格局，拓展更为宽广的人生。

一个人对事物的洞悉能力和感知能力常常来源于他的见识。常言道：读万卷书不如行万里路，行万里路不如阅人无数，阅人无数不如名师指路。接受教育，不间断地学习，是进行知识积累的过程；把学到的知识直接或间接地在实践中去运行阐释，借鉴正反两方面的经验，遇事多分析、多总结，自然减少了无知的盲目举动和不知所措的愚蠢行为，这就是见识，是充满了聪明和智慧的。学习的知识通过实践经历的酿造不断积淀，逐渐厚重起来，那么具有个人风格的见识便于实践中形成了。见识是知识在实践中淬炼的美丽结晶。

胆识是将胆量和见识合二为一的综合体。不管是做出一个重要决定，还是在舞台上面对观众；无论是在工作中还是生活中，每个人都会经受这样的考验：关键时刻，有没有胆量站在一个崭新的高度，迎接某些原本自己能力达不到的挑战。最后使你坚定并坚持下来的，是一种犀利的眼光、坚强的意志以及明智的选择，这便是胆识。胆识是人的一种勇气和能力。

哲人说过，所谓“君子”者，在何种事态下都能随机应变，如鱼在水中，灵活自如，游刃有余。也就是说，要获得出众的见识，面对任何局面都能将自己的见解实施得来去自如，都需要之前做出万全的准备。

日本经营四圣之一稻盛和夫先生在日本哲学大家安冈正笃的著作中，对“知识”“见识”“胆识”有了领悟。稻盛先生认为，胆识的母亲是勇气。倘若没有排除万难、坚韧不拔、坚持奋斗到底的勇气，那么一切知识便立刻灰飞烟灭，没有勇气做支撑的知识是一盘散沙，无用武之地。

很多人都知道这个道理，却在困难面前犹豫踌躇，关键在于他们缺乏勇气作为后盾。过分在意“自我”会导致勇气的丧失。很多感性的小烦恼，以及一些对别人的责难或厌烦的担心，这些以自我为重的忧虑想法都会成为勇气的杀手。没有了勇气，自然更谈不上胆识，最终导致自己裹足不前。

常言说，“读论语而不知论语”。许多人都聆听过先贤的教诲，也读过圣贤书。然而，倘若仅仅停留在“知”的层面还不够，应当把知识通过实践提升为见识，把见识通过勇气升华为胆识。

“几历辛酸志始坚”这是日本江户时代的政治家西乡隆盛在遗训的第五则中的一句话。历经磨难，饱受辛酸，造就了他的见识和胆识。其实杰出者与平庸者的差距，并不简单地在于知识的多寡、专业的优劣，而在于谁的经历丰富，见多识广，遇事不慌。有一种运筹帷幄的胆识和气度，对于任何情况都能应对自如。

为了更好地生活，人们就要掌握各种各样的知识。然而，知识本身是很单薄的，几乎承担不起任何的实际作用。要将知识进一步转化成具有强大实践能力的见识。当然，这还是不够的，要用真正的勇气把见识打造成不为任何事所动的胆识，这才是成就大事业的支撑点。

有胆量才会有突破，有突破才会有创新。然而倘若没有知识和见识给勇气打底，那勇气只是匹夫之勇或意气用事。而只有知识和见识，那么只能纸上谈兵或望梅止渴。有了知识和见识的勇气才是胆识，“有胆无识狂为勇，有识无胆多空谈”。做一个有胆有识的人，不但要积累知识、增长见识，更要有必胜的勇气和决心，有敢于挑战的胆量。

惯性逃避解决不了任何问题

在一棵干枯的桑树上住着一只蜗牛，这只蜗牛自出生以来，就一直住在这棵树上。

一天，风和日丽，蜗牛小心翼翼地伸出头来看了看，慢吞吞地爬到地面上，把一节身子从硬壳里伸到外面，懒洋洋地晒太阳。

这时，蚂蚁正在紧张地劳动，一队接着一队急速地从蜗牛身边走过。看见蚂蚁在阳光下来回走动的样子，蜗牛不觉有些羡慕起来，于是，它放开嗓门对蚂蚁说："喂，蚂蚁老弟，看见你们这样，我真羡慕你们啊！"

一只蚂蚁听到了，就停在蜗牛旁边，仰着头对蜗牛说："来，朋友，咱们一起干活吧！"蜗牛听了，不由自主地把头往回缩了一下，有点惊慌地说："不，你们要到很远的地方去，我不能跟你们一起去。"

蚂蚁奇怪地问："为什么啊？走不动吗？"

蜗牛犹豫了半天，吞吞吐吐地说："离家远了，要是天热了怎么办呢？要是下雨了怎么办啊？"

蚂蚁听了，没好气地说："要是这样，那你就躲到你的那个硬壳里好好睡觉吧！"说完，匆匆追赶自己的大部队去了。

对蚂蚁的话，蜗牛倒也不怎么在乎。不过，蜗牛实在想到远处看看。经过深思熟虑之后，蜗牛终于大着胆子把自己的另一节身子也从硬壳里伸了出来。正在这时，几片树叶落在地上，发出轻微的响声，蜗牛吓得像遭遇了雷击一样，一下子就把整个身子缩回硬壳里去了。

过了好久，蜗牛才小心翼翼地把头伸到外面，外面仍然像先前一样的晴朗和宁静，并没有发生什么事情。只是蚂蚁已经走得很远了，看不见了。

蜗牛悠悠叹了一口气说："唉！我真羡慕你们啊！可惜我不能和你们一起走。"说完，依旧懒洋洋地晒太阳。

蜗牛羡慕蚂蚁远行，可没有胆量和蚂蚁结伴同行，因为它担心路上会遇到种种困难，比如天气热了怎么办，下雨了怎么办……对困难的畏惧使蜗牛始终蜷缩在自己的壳里，即使偶尔伸出头，也会被飘落下来的树叶吓到。最后，它只能对蚂蚁的离去表示羡慕。

人类的心理有时和蜗牛的心理差不多，对于挫折总是惯性地逃避，就好像手碰到火、触到电会缩回去一样。

逃避是一种怯懦的表现，从心理学角度来讲，它是指不想去面对遇到的事情，而选择消极的方式来避开与事情的冲突。逃避根本不能解决事情，只是在表面上看来舒缓了问题。逃避者很可能是因为自卑，认为自己没有能力去解决，或者害怕去解决，所以采取这样一种方式。

解决这一问题就需要逃避者认真地思考问题的本质所在，改变自己做事的方式，从内心提高自己的自信心，多暗示自己：自己完全可以勇敢地面对问题，也能顺利地解决问题，没有什么大不了的！

人们常说："躲得了初一，躲不了十五。"既然躲不过，为何不在事情还没有发展到很严重的时候勇敢地面对，让问题及早地解决呢？

有所决定就要立刻行动

人都有一种思想和生活的习惯，因为害怕自己的环境和思想有所变化，人们喜欢做经常做的事情，而拒绝改变。所以，很多时候，我们没有抓住机会，并不是因为我们没有能力，也不是因为我们不愿意抓住机会，只是因为我们害怕变化，一味地在口头上说说，却从不采取实际行动。

一个人若想求取功名，如果他连考场都不进，就不可能获得功名。同样，一个人若想成为人人羡慕的成功者，如果只是一味地幻想，而不采取行动让自己更加优秀，那成功永远不可能降临到他头上。

有人说，100 次心动不如一次行动。把理想与行动二者合一，才有可能让梦想实现。

日本的亲鸾上人9岁时，就已立下出家的决心，他要求慈镇禅师为他剃度，慈镇禅师就问他说："你还这么年少，为什么要出家呢？"

亲鸾说："我虽年仅9岁，但父母已双亡，我不知道为什么人一定要死亡，为什么我一定要与父母分离，为了探究这些道理，我一定要出家。"

慈镇禅师非常赞许他的志愿，说："好！我明白了。我愿意收你为徒，不过，今天太晚了，待明日一早，再为你剃度吧！"

亲鸾听后，非常不以为然地说："师父！虽然你说明天一早为我剃度，但我终是年幼无知，不能保证自己出家的决心是否可以持续到明天，而且，师父，你那么年高，你也不能保证你是否明早起床时还活着。"

慈镇禅师听了这话之后拍手叫好，并满心欢喜地说："对！你说的话很对。现在我就为你剃度吧！"

很多时候，我们都没有亲鸾这样的勇气，不能当下决断，总是习惯于明日复明日，或者找出众多理由来辩解为什么事情无法完成。许多良好愿望原本可以实现，却在这样的迟疑中被消磨掉了。止于口舌的认知毫无用处，一切认知和计划不能仅仅停留在口头规划上，更重要的是付诸实践。

你知道著名品牌肯德基是怎样打入中国市场的吗？

刚开始肯德基公司派了一位代表来中国考察市场，他来到首都北京，看到街道上人头攒动的场面，内心激动不已，尽情地畅想着肯德基一旦在中国站稳脚跟后的美好未来。在我们看来这位代表的工作也算得上是尽职尽责了，但回到公司后总裁还没等听完他的“美好遐想”，就停止了他的工作，另派了一位代表来北京。

新代表与上一次不同的是，他先是在北京几条街道测出人流量，进行了大量的实地走访，然后又对不同年龄、不同职业的人进行品尝调查，并详细询问了他们对炸鸡的味道、价格等方面的意见，另外，还对北京的油、面、菜甚至鸡饲料等行业进行广泛的摸底研究，并将样品数据带回总部。

不久，那位代表率领团队又回到北京，“肯德基”从此打入了北京市场。

第一位商业代表之所以被解雇，并不是他没有好的创意，而是他的创意只是停留在空谈上。后来的这位代表是一位想到就做、马上行动的人，他不但胸怀让“肯德基”驻足中国市场的美好创意，还通过行动来立即着手实现这一创意。

曾有心理学家探索成功人士的精神世界，发现成功的原因有两种：一种是在严格而缜密的逻辑思维引导下艰苦工作；另一种是在突发、热烈的灵感激励下立即行动。

成功者大都能将理想转化为自己的目标，并毫不犹豫地行动。他们最大的才能之一，就是他们在审时度势之后能及时迅速地付诸行动，这是他们出类拔萃、获得成功的秘诀。

在人的思想、愿望里潜藏着成就大事业的能力。如果这种思想、愿望是高尚、纯粹而美好的，并且能一以贯之，那么，它将会发挥出最大的力量，帮助人们实现计划、目标、梦想。

我们很多时候不是不想付诸行动，而是怕自己行动之后做不好，所以犹豫不决。不要问自己行不行，只要问自己想不想。永远记得自己想要的，而不是所担忧的。以积极的心态面对所有事，想好了，决定了，马上去做，立即行动。

你是否有超越别人的强烈欲望，你是否有做成功者的雄心大志？如果答案是肯定的，在你下定决心的同时，请赶快付诸行动吧！

不付出一定没有收获

经常听到别人说这样一句话：努力不一定成功，但是不努力一定无法获得成功。这是关于成功最简单的道理。世界上所有的收获都是以付出为前提的，想要收获成功，就必须付出努力。

电报业巨子萨尔诺夫小时候家里十分清贫，没有机会读书。上小学的时候，他就不得不利用课余时间及假日做工，挣点钱贴补家用。在他小学快毕业时，父亲又因为长年辛苦而积劳成疾，过早地去世了。他没有办法继续他的学习了，只好辍学做了童工。

15 岁时，他就开始步入社会，并挑起了全家生活的重担。他一边赚取微薄的工资贴补家用，一边开始自学。几经周折，他在一家邮电局找到了一份送电报的工作。他工作异常辛苦，每天要送 20 份电报，有时为了一份电报，要跑上几英里路。当他回到家里的时候，已经是深夜两三点了，他又累又饿，几乎不能再多走一步路了。他经常是赶紧吃完一点儿饭就睡觉，为了多送几份电报，他又不得不在早晨五六点钟赶到电报大楼。但将来要做一番事业的愿望一直在他心中。他开始学习当时几乎没有几个人掌握的国际莫尔斯电码操作方法。当时只有初中文化程度的他，要学习这样的先进技术，其难度是可想而知的，但由于他具有惊人的毅力居然学会了这项高难度的技术，于是他被破格提升为报务员。

后来，他完成了电气工程学学业，成为当时世界功率最强的电台——马可尼无线电公司的收发报员。在 1912 年 4 月的震惊世界的大型豪华客轮“泰坦尼克”号遇难的时候，他是世界上第一个收到沉船信息的人。他经常连续 72 个小时守在电报机旁，不间断地收传信息。长期的电报工作让他敏锐地发现，无线电技术的市场化具有广阔的前景，公司也认为他具备了经理人的思维，于是他在30岁那年，被提拔为无线电公司这所特大型高科技公司的总经理。他这样卓越的成绩，在当时是绝无仅有的。当然，所有的这一切都要完全归功于他那种顽强坚韧的工作态度。

从萨尔诺夫的奋斗史可以看出，一个人或一个企业的发展既容易又不容易，关键在他肯不肯付出自己的努力。人生想收获更大的成就，就必须要具有积极进取的精神，并要认真学习、不畏困难，这样才有成功的希望。

付出即会获得，没有人可以不劳而获，这是一个众所周知的因果法则。事情往往就是这样的，你愿意多努力一些、多付出一点，现实就会给你加倍的回馈。多付出一些的目的并不是为了即时得到相应的回报，也许你的投入无法立刻得到他人的肯定，但不要气馁，并且要一如既往地努力，回报很可能会在不经意间以出人意料的方式出现。

把精力集中在可以改变的事情上

在威斯敏斯特大教堂地下室的墓碑林中，有一块墓碑。墓碑上刻着这样的话：

当我年轻的时候，我的想象力从没有受过限制，我梦想改变这个世界。

当我成熟以后，我发现我不能够改变这个世界，我将目光缩短了些，决定只改变我的国家。

当我进入暮年以后，我发现我不能够改变我的国家，我的最后愿望仅仅是改变一下我的家庭。但是，这也不可能了。

当我躺在床上，行将就木时，我突然意识到：如果一开始我仅仅去改变我自己，然后作为一个榜样，我可能改变我的家庭；在家人的帮助和鼓励下，我可能为国家做一些事情。

然后，谁知道呢？我甚至可能改变这个世界。

许多世界政要和名人看到这篇碑文时都感慨不已。当年轻的曼德拉看到这篇碑文时，顿然有醍醐灌顶之感，觉得从中找到了改变南非甚至整个世界的金钥匙。回到南非后，这个原本赞同以暴抗暴来填平种族歧视鸿沟的黑人青年，改变了自己的思想和处世风格，他从改变自己、改变自己的家庭和亲朋好友着手，历经几十年，终于改变了他的国家。

要想撬起世界，它的最佳支点不是地球，不是一个国家、一个民族，也不是别人，而是自己的心灵。

大文豪托尔斯泰也说过类似的话："全世界的人都想要改变别人，就是没人想过改变自己。"别说命运对你不公平，其实上帝分配给了每个人美好的将来，只是看你有没有把握住自己的人生。有的人用习惯的力量让自己抓住了命运的手。有的人虽然最初与命运擦肩而过，但是他们改变了自己，又让命运转回了微笑的脸。

原一平，美国百万圆桌会议终身会员，荣获日本天皇颁赠的“四等旭日小绶勋章”，被誉为日本的推销之神，但其实在他小的时候是一个脾气暴躁、调皮捣蛋、叛逆顽劣而恶名昭彰的人，被乡里人称为无药可救的“小太保”。

在原一平年轻时，有一天，他来到东京附近的一座寺庙推销保险。他口若悬河地向一位老和尚介绍投保的好处。老和尚一言不发，很有耐心地听他把话讲完，然后以平静的语气说：“听了你的介绍之后，丝毫引不起我的投保兴趣。年轻人，先努力去改造自己吧!”“改造自己?”原一平大吃一惊。“是的，你可以去诚恳地请教你的投保户，请他们帮助你改造自己。我看你很有慧根，倘若你按照我的话去做，他日必有所成。”

从寺庙里出来，原一平一路思索着老和尚的话，若有所悟。接下来，他组织了专门针对自己的“批评会”，请同事或客户吃饭，目的是让他们指出自己的缺点。

原一平把种种可贵的逆耳忠言一一记录下来。通过一次次的“批评会”，他把自己身上那一层又一层的劣根性一点点儿剥落掉。

与此同时，他总结出了含义不同的39种笑容，并一一列出各种笑容要表达的心情与意义，然后再对着镜子反复练习。

他开始像一条成长的蚕，在悄悄地蜕变着。

最终，他成功了，并被日本国民誉为“练出价值百万美金笑容的小个子”；美国著名作家奥格·曼狄诺称他为“世界上最伟大的推销员”。

“我们这一代最伟大的发现是，人类可以由改变自己而改变命运。”原一平用自己的行动印证了一句话，那就是：有些时候，迫切应该改变的或许不是环境，而是我们自己。

也许你不能改变别人，改变世界，但你可以改变自己。幸福、成功的第一步，往往需从改变自己开始。

第六章

经营自己的优势

唤醒沉睡的潜能

现实生活中，很多人辛劳一生，见识无数，但却未能认识自我，不知道能够做什么，找不到自己的优势，结果所做的一切都变成了“瞎忙”，庸庸碌碌一生。

成功学大师安东尼·罗宾曾经在《唤醒心中的巨人》一书中非常诚恳地说道：“每个人身上都蕴藏着一份特殊的才能。那份才能犹如一位熟睡的巨人，等待着我们去唤醒他……上天不会亏待任何一个人，他给我们每个人以无穷的机会去充分发挥所长……我们每个人身上都藏着可以‘立即’支取的能力，借这个能力我们完全可以改变自己的人生，只要下决心改变，那么，长久以来的美梦便可以实现。”

如果一个人总想取长补短，想要在人生的平台上立住脚，恐怕是天方夜谭。换句话说，若想让自己成为一个别人无法替代的人物，你应当扬长避短，即想尽办法，发现自己的优势所在。

那么如何发现我们的潜在优势呢？可以从以下几个方面来进行观察：

1．从生理看优势

科学家注意到，一个人的生理可以显示其优势所在。如俄罗斯的研究人员观察到，人的创造力与耳朵大小有关：右耳朵较长的人在数学、物理学等精密科学方面会有所作为。喀山国立大学穆斯蒂芬教授为此所做的解释是：“虽然人的两只耳朵大小相差不大，仅2～3毫米，但足以判断大脑哪个部位最发达。”因此，他建议：“在决定一个人学习某门知识之前，要先确定他是否具有学好这门知识的生理条件，假如他的耳朵表明他可能成为一位艺术家，那么他就不应该去学数学。否则他的其他能力就会降低，其优势就有遭到扼杀的危险。”

2．从兴趣看优势

人们的兴趣所在往往就是其优势的“闪光点”。以贝多芬为例，这位世界级音乐大师早在4岁时就对音响与旋律产生浓烈兴趣，喜欢在琴键上来回按动。其祖父及时抓住这一“闪光点”，有意识地去培养他，结果贝多芬8岁时就上台表演，最终成为享誉世界的音乐家。

那么，我们的兴趣又如何去发现呢？主要是在于平时仔细观察。如是否接连不断地提出某一方面的问题；或聚精会神地听某方面的讲述；或津津有味地谈论某一领域的事情；是否主动地参加或观看某种活动；愿意做某方面的小实验；是否经常阅读某一方面的书籍；是否特别珍惜某些物品等。

3．从行为看优势

人在种种日常活动中会有不同的表现，所谓灵性，是指人在某项活动中表现出色，优于其他人的特点。表现为对某些知识一点就通，容易入门，学习积极性与主动性强，热情长久不衰等。如人开始说话很早，说起话来滔滔不绝，对语言的记忆力较强，喜欢讲故事，表明他有语言优势，以后容易为语言着迷；不仅爱听歌曲，也爱听车或船的鸣笛声以及其他有节奏的声音与乐曲，学习新歌曲毫不费力，表明他有音乐优势，给此类人配置一架钢琴很能奏效；对分类与图形颇感兴趣，擅长下国际象棋或跳棋，喜欢问及抽象的东西，表明他有数学逻辑优势，在数、理、化等学科方面有优势；爱提各种各样的问题，对天文、地理和自然现象的知识更感兴趣，表明他有空间想象优势，可能成为自然科学领域的佼佼者；能较早地接受各种运动动作，熟练地掌握各种体育器械，表明他有运动协调优势；能观察到别人的微小变化，在阅读小说或看电视、电影时能很快认出其中的正、反角，表明他有管理方面的优势，此类人可能成为优秀的管理人才。

4．从性格看优势

据德国科学家研究，人的个性是其优势的“显示屏”，最突出的例子在于判断人的行为是理性还是感性。密歇根大学的专家曾经对此问题进行过问卷调查，依据人在同别人发生意见分歧时的态度予以性格分类，并与现在的情况进行对照研究，发现那些意见一旦被否决就直掉眼泪的人，感情脆弱敏感，这类人有艺术天分。汉堡的著名心理学家赫乐穆特尔勒的解释是：这类人从不试图解决冲突，因此长大后的内心世界比较丰富。而那些总想设法在语言上达到目的、喜欢做立论性发言、显得自信的人，许多成了法官、新闻记者或律师。至于那些不经过深思熟虑就脱口而出，为证明自己正确而捶胸顿足、态度咄咄逼人的人，则容易成为独往独来的管理者。

众所周知：福特的专长是制造汽车，爱迪生的专长是搞发明，皮尔·卡丹的专长是服装的设计与制作，曾宪梓的专长是做质量最好的领带，阿迪·达斯的专长是制鞋，迪斯尼的专长是画动画，盖茨的专长是编写软件与管理，巴菲特的专长是玩股票。上面所提到的这些人一开始都不能算是重要人物，但由于他们专长的不断发展，加上其他条件的配合，他们获得了成功。

发现自己的优势并且挖掘自己的潜在能力，你将成为你所在行业最出众的人物，你将获得名誉、金钱、权力或者智慧，只要你想得到的，你就能得到。关键在于你能否发现自己的优势、把握住自己的优势，是否会运用自己的优势。

别只挖掘天赋，还要造就天赋

要想声名显赫，必须兼有实力与实干精神。有实干精神的平庸之辈比无实干精神的高明之辈更有成就。造诣与资质都是人们需要的，但得有实干精神相助，二者才能尽善尽美。不仅如此，人们既要能干，也要知道怎样展示自己的专长。

那些欲有成就的人，实干精神即他们的人生信条。因为他们知道，单纯地拥有天赋和想象力，而不去设身处地为之，成就不会光顾他们。实干正是展现一个人能力和实力的方法，也是人们成功的必经之路。

英国有一个叫弗兰克的青年，从小立志创办杂志。一天，弗兰克看见一个人打开一包纸烟，从中抽出一张纸片，随即把它扔到地上。弗兰克弯下腰，拾起这张纸片，那上面印着一个著名女演员的照片。在这幅照片下面印有一句话：这是一套照片中的一幅。烟草公司奖励买烟者收集一套照片，以此作为香烟的促销手段。弗兰克把这个纸片翻过来，注意到它的背面竟然完全空白。弗兰克感到这其中有一个机会，他推断：如果把附装在烟盒子里的印有照片的纸片充分利用起来，在它空白的那一面印上照片上的人物小传，这种照片的价值就可大大提高。

于是，弗兰克就找到印刷这种纸烟附件的平板画公司，向这个公司的经理推荐他的主意，最终被经理采纳。这就是弗兰克最早的写作任务。后来，他的小传的需要量与日俱增，他不得不请人帮忙。他于是要求他的弟弟帮忙，并付给每篇5美元的报酬。不久，弗兰克又请了5名报社编辑帮忙写作小传，以供应平板画印刷厂。最后，他如愿以偿地做了一家著名杂志的主编。

如果弗兰克缺乏联想能力，那么卡片到他的手中就成了废纸；如果弗兰克单纯地想象在卡片背后附上人物的经历，而不去找印刷工厂提供自己的创意，那么弗兰克也不可能成功。生活有时给了你很多机遇，自然给了你造诣和天赋，但是如果你不懂得通过付诸行动来展现你的才干，失败的恶魔就会追随在你的身后，等着你掉入它的深渊。一个伟大的人不但会挖掘自己的天赋，更会通过努力与实干造就天赋，这也是他们能够超越他人的秘诀。

但是，有时候，聪明才智往往会给人错觉，让人以为勤奋和实干对有天赋的人来说是无用的，而有许多人就是在拥有这种思想后止步不前。人们常常以为天才可以不费吹灰之力就成为一个成大事者，甚至认为他们不需要刻苦和谨慎，就能取得显著成绩。这完全是一种谬论。被称为股神的巴菲特，在金融市场里所向披靡，但是他也有犯错的时候，他对股票市场始终心存敬畏，无时无刻不在观察着日常的变动，丝毫不敢怠慢。上天赋予他聪颖的智慧和对股票的敏锐观察力，而他全身心地投入事业当中，才成就了今日的股神。

“我实际上比任何一位在田野里耕耘的农夫都更苦更累。”英国画家密莱斯说。他作画的时候总是达到忘我的境界。当他提到年轻人的时候，他说：“我对所有年轻人的忠告是：‘去工作吧！’不可能人人都是天才，但是人人都能工作。不工作的人，即使天赋再高、绝顶聪明，也无法创造辉煌。”没有艰辛就没有成就，大人物的丰功伟绩都是靠实干和持之以恒取得的。

艺术家雷诺兹指出，一个人的智力与能力一般，但实干成为弥补才智的方法。如果做到了目标明确、方法得当，勤奋的工作会将成功送到你的面前。人们应当有一种意识：并不是用一颗触景生情的心，加上丰富的想象力就可以使你成为巨人，关键是要懂得怎样展现自己的能力。

经营自己的优势

歌德说："一个人不能骑两匹马，骑上这匹，就会丢掉那匹。聪明人会把分散精力的事情置之度外，专心致志地学一门知识，学一门就要把它学好。"而你所学的这一门，一定要是你最熟悉、最热爱的一门。

人的智能发展都是不均衡的，都有智能的强点和弱点，瓦拉赫找到了自己智能的最佳点，才使自己的智能潜力得到充分的发挥，取得惊人的成绩。其实，人人都是天才，只是有些人没有发现自己的长处，而幸运之神就是垂青于忠于自己个性长处的人。

在生活和工作中，你是否把多数时间都消耗在了自己不擅长的事情上了呢？媒体曾经做过一份调查，结果，只有17%的上班族每天是在自己熟悉和喜爱的工作岗位上发挥自己的长处，多数上班族的工作往往不是自己真正擅长的。由于工作中的种种限制，很少有人把100%的精力都投入到自己喜欢的事情上去，10个人当中，只有2个人是幸运儿，但是我们总会有一些办法让自己成为这少数快乐的人。

下面提供一下运用自己长处的步骤供你参考。

1．你信奉的道理不一定是对的

生活中貌似有许多被人们奉为真理的道理，但是，有时候这些所谓的真理会让我们耗费自己的效能。下面是两条被人们普遍认同的真理。

真理一：在自己不擅长的领域中进步，空间也是很大的。很多人都这样认为，这也是为什么大多数家长只看到了小孩成绩单上的F，并且一直要求他在这项功课上多多努力，而忽视成绩单上的A和B。十全十美的人不存在，样样精通的人也不存在。

真理二：在团队中，一定要以团队利益为先，自己的好恶一定要屈居二位。这一条理论似乎成为限制个性发展的枷锁。在公司里，牺牲精神成为被大肆赞颂的美德；在家庭中，听从父母安排，子承父业被认为是孝顺。我为人人、人人为我的精神信条似乎只剩下了前半句。

2．找到有用的方法发挥你的优点

如果有一支团队可以充分发挥你的长处，又或者那里有你最擅长的工作，那么一定要积极加入进去。因为不是每个人都适合自己现在的工作，所以要积极发现能充分发挥自己能力的工作，发现对自己有利的工作环境，这样才能使自己脱颖而出。

能够找到适合自己，可以发挥自己能力的工作还不够，我们还要提高自己的工作效率，集中精力和时间，减少其他自己不是很擅长的、没必要的活动。

这就需要以下几步：

总结一下在以前工作中有多少时间是在做自己擅长的事，算出这个比例。

预测一下在以后的工作里（可以是一周或两周），有多少时间可以从事自己擅长的工作。

找出自己必须要做的几件事，把时间集中在这几件事上，充分发挥自己的能力，避免浪费时间在其他事情上。

最开始的时候我们的预测不是那么准确，这是无法避免的，重要的是，让我们的计划一次比一次更准确，更能提高自己的工作效率。

了解自己，找到自己的优势，然后好好地经营它，那么久而久之，自然会结出丰硕的果实。所以，如果你是一个不甘平庸、想成就一番事业的人，那么就在认识自己长处的这个前提下，扬长避短，认真地做下去吧。也许你的优势还只有很小的一点点，需要经过长时间的积累和经营才能形成真正的势力，所以，一定要持之以恒。坚决守住自己的阵地，绝不把最擅长的领域丢弃，那么你一定会成就自己。

最佳的定位指导：兴趣

要想充分展现自己的才华，做出一番成就，就应该找到自己的兴趣或者优势所在，找准自己的位置。

我们也应该这样，找到自己的兴趣所在，给自己一个正确的定位，并以此为基础去经营自己的人生。“兴趣是最好的老师”这句话永远都会闪耀着智慧的光芒。荣膺“世界十大知名美容女士”“国际美容教母”称号的香港蒙妮坦集团董事长郑明明就是一个在兴趣的引导下走向成功的典范。

在印尼的华人圈子里，郑明明的外交官父亲很有名望。郑明明读小学时，有一天父亲特地将香港作家依达的小说《蒙妮坦日记》推荐给她。这是依达的成名作品，描写了一个叫蒙妮坦的女孩子经过了爱情、事业的挫折之后，最终实现了自己梦想的故事。按照父亲的设想和愿望，女儿以后应该也是个“高等知识分子”。然而，从小就喜欢把自己打扮得漂漂亮亮的郑明明对美的事物更感兴趣。当她在街上看到印尼传统服装——纱笼布上那精美的手绘图案时，她被艺术的无穷魔力深深吸引住了，被那些给生活带来美丽的手工艺人的精湛技艺感动了，从此她便萌发了从事美丽事业的念头。

郑明明坚持要为自己负责，走自己想走的路。于是她瞒着父亲到了日本，在日本著名的山野爱子学校开始了美容美发的学习。那所学校里都是些富家女，大家每天的生活就是相互攀比，比谁衣服好看，谁打扮得漂亮等。但郑明明不是这样，因为她留学不是为了和她们攀比斗艳，况且她也没有闲钱攀比。由于得不到父亲的支持，她来到日本后，身上只有300美元，这些钱在交完学费、住宿费后就所剩无几了。冬天的时候，她的同学都穿着各式各样的皮衣，而她只有一件破旧的黑大衣御寒。平时下了课，郑明明还要到美发厅打工。打工一是为了挣钱，二是为了学习人家的经验。在打工期间，她仔细观察每个师傅的技术、顾客的喜好、店里的管理等，以盘算自己未来的事业蓝图。

从日本的学校毕业以后，郑明明来到了中国香港，租了间铺子成立了蒙妮坦美发美容学院。万事开头难，创业初期，她一人身兼数职，既是老板，也做工人；既迎宾，也要洗头。坚信“时间就像海绵，要是挤总会有的”的郑明明每天晚睡早起，至少工作11个小时。可是忙碌之余，她还有个雷打不动的习惯，就是到了晚上把白天顾客留的姓名、特征、发型等资料建成档案，以便经常翻阅，也便于下次和顾客沟通。

虽然经历了很多磨难，但郑明明终于成功了。她成立了一个又一个的分店，并把战场从香港转向中国内地。从此，人们知道了蒙妮坦，也知道了郑明明。

如果郑明明按照父亲的意愿走上那条中规中矩的道路，凭借她的资质，说不定现在也会很成功，但是绝对不会比现在的她更辉煌。因为她选择了自己兴趣所在的道路，所以便会甘愿付出更多的努力和坚持。郑明明的奋斗经历给还处在事业选择迷茫期的人这样的启示：兴趣就是你最佳的定位指导。

找到自己与成功最近的那个匹配点

19 世纪末，一个男孩降生在布拉格一个贫穷的犹太人家里。随着男孩一天天长大，人们发现他的气场非常孱弱，非但没有半点儿男子汉气概，性格还非常内向、懦弱，十分敏感多虑，总是觉得周围的环境对他产生压迫和威胁。

男孩的父亲竭力想把他培养成一个标准的男子汉，希望他具有刚毅勇敢的强势气场。但在父亲严厉的培养下，他不但没有变得刚烈勇敢，反而更加懦弱自卑，彻底失去了自信，在惶恐痛苦中长大。他整天都在察言观色，常独自躲在角落处悄悄咀嚼痛苦。

对这样的孩子，你能够让他去当兵、去冲锋陷阵、去做元帅吗？不可能！部队还没有开拔，他可能就已经当逃兵了。让他去从政？依他的勇气和决断力，要从各种纷杂势力的矛盾冲突中寻找出一种平衡妥当的解决方法，恐怕也是可望而不可即的幻想。他也做不了律师，气场那么弱的他，怎么可能在法庭上像斗鸡似的振振有词呢？

如此看来，这个男孩的一生将是一场悲剧。然而，你能想象这个男孩后来的命运吗？他成了著名的文学家，他就是卡夫卡。

为什么会这样呢？原因很简单，卡夫卡找到了自身的优势，并充分发挥了出来。同一件衣服，有的人穿起来惊艳四座，有的人穿起来平淡无奇，甚至有些东施效颦的味道。之所以会出现如此大的差距，在于每个人都有各自的气质，只有穿符合自己气质的衣服，才能凸显自己的美丽与潇洒。

性格内向、气场较弱的人，他们的内心世界多半十分丰富，能敏锐地感受到别人感受不到的东西。他们虽是外部世界的懦夫，却是精神世界的国王。这种性格的人如果选择了做军人、政客、律师，那么他就选择了做懦夫；如果他选择了精神的领域，那么他就选择了做国王。卡夫卡正是后者，在文学创作的领域里纵横驰骋，写出了《变形记》《判决》《乡村医生》等巨著。卡夫卡的文笔明净而想象奇诡，其形式之怪诞表现出艺术的独创，20 世纪各个写作流派纷纷追其为先驱。41 岁时，卡夫卡因患肺结核才停止了创作。

经常有人兴致勃勃地说要改变自己，并做全面总结，希望全面改正缺点，弥补不足，让自己的气场彻底强大起来。这其实是一个误解，因为他们无视了相关定律的存在。每个人的天赋各不相同，与之相关的成功模式也不同。气场强大能让我们成为商场或政界的国王，而气场弱小的人只要善于发挥自己的优势，也能像卡夫卡那样成为另外一个王国里的国王。

生活的真正悲剧并不在于我们没有足够的优势，而在于我们未能充分利用我们拥有的优势。本杰明·富兰克林把被浪费的优势称为“阴影里的日晷”。

“只要功夫深，铁杵磨成针”是没错，但如果你是牙签呢？做自己不擅长的事，吃力且不一定会成功，自信心也可能遭受很大打击。我们每个人的精力都是有限的，不必总是把大量的精力耗费在自己的弱势上，做自己擅长的事情才是抵达成功的捷径。即使你的气场很弱，但是如果你能集中发挥自己的优势，同样也能采摘到生命中最甜美的果实。

我们可以努力改变自己的气场，让自己变得强大且充满朝气，但如果实在改变不了呢？那也可以选择另外一条道路，像卡夫卡那样，趋利避害，经营自己的强项，找到自己与成功最匹配的那个点。

做到出色才最具竞争力

只有做到出色，你才有竞争力，你才有打败你竞争对手的可能。

而无论是做最好的球员，还是做最出色的青少年，都要求你拥有最好的思想，进行最好的实践，用最有效的做事方法，追求高品质、高效率。因为只有这样，你才能在竞争中不被对手打倒。

NBA 那些优秀的球员，之所以能在球队安身立命，往往是因为他们身怀绝技，有自己的竞争优势。

以乔丹为例，如果他仅以天生的身体素质，或许会成为一流球星，但绝不会成为一个伟大的人物。他打起球来是那么流畅、那么自然，又是那么活跃、那么富于变化，你永远无法预期他下一个动作会是什么。他的每一场球，都在争取发挥出自己的最佳实力，打出最漂亮的球。

乔丹是一个全能球员，场上 5 个攻防位置都能打，而且能示范多种出色的打法。他练就了最精彩的动作：从 3 分线外飞身跃起，高举着球，在众人仰视中，划过一道美丽的弧线，扑近篮筐扣篮，或者空中旋转 360 度反身灌篮，使所有在场的球迷如痴如狂。他的 3 分球命中率达到 30%，有时更高，令对手防不胜防。

他的球技出神入化，当他需要展示弹跳的时候，他可以跳到 2 米以上的巨人的肩膀上，并隔着两个人灌篮；当他需要展示飞行的时候，他可以从罚球线起跳，把球塞入篮筐——历史上只有 3 个人能进行这种表演，但唯有他轻松而舒展；当他想娱乐观众的时候，他可以在空中跨步、转体，用各种花样扣篮。他曾在 1987 年、1988 年连夺两次花球扣篮大赛的冠军。

他在空中的灵感无穷无尽，在空中的姿态无与伦比，能达到随心所欲的境界。他最为得意的是空中躲闪和滞留技巧。他的对手“魔术师”约翰逊说：“乔丹跟你一块儿跳起来，他会把球放在腹下，等你落地了，他再投篮。”更绝的是，他可以在空中任意改变方向，把防守者引诱到这边来封阻，他却突然把球转到那一边上篮，把你耍够了后，他再心满意足地上篮得分。

尽管乔丹自己的优势很明显，他还总会巧妙地配合自己的队员，帮队友助攻，也给他们创造投篮得分的机会。他的球品在整个球队里是有口皆碑的。

乔丹带给球队的，不仅是无与伦比的球技，更包括他对篮球打法的深入了解。他具有无与伦比的身体控制能力，好像魔术一般，能够变幻出各式各样的过人、控球、投篮技巧，总能在较低的位置运球。他的姿势总是如在弦之箭，一触即发！他身高只有1.98米，体重90公斤，在高人林立的NBA中并不出众，力量似乎并不充裕，但他善于使用整个身体的力量，一种和谐的力量，好像东方搏击中讲究的“以巧破千斤”，带球在高人丛中钻来钻去。

乔丹的球技是出色的，也正是他出色的球技，使自己身高虽然只有1.98米，但仍然能够在众多“高人”中最具竞争力。

美国邮政服务公司、美国包裹邮递服务公司、爱默里全球邮递公司都曾经问过他们的客户这样一个问题：

“如果我们提供速递服务，你们愿意多付一点费用吗?”

“不愿意!”回答是异口同声的，“我们不愿为快速邮递多付费用，哪怕是1美分!”

3家公司都放弃了这一努力，只有美国联邦速递公司的总裁弗雷德·史密斯不相信这一点，他认为这项革新一定要付诸实施，而且要通过联邦速递公司来证明这一点。

作为全球500强企业，联邦速递公司始终坚持领先对手一步的理念。公司刚成立时，几乎无法生存下去，正是由于一群有共同梦想的人，坚持为他们的服务建立一种需求欲望，联邦速递公司才坚持下来，并不断发展壮大。他们扩展服务项目，将他们在全美及全球速递时间定为最多两天。他们不仅仅建立了一种市场需求渴望，而且还最先将这种理念引进了市场。它之所以保持在该行业的唯一性，正是靠迈出第一步并在竞争中领先，做到更出色。

做到出色才能最具竞争力。一支球队只有领先，才能夺得冠军；一个企业只有领先，才能获得成功；一个青少年只有领先，才能在未来获得人生的成功。

第七章

把自己做成品牌

创造出色的个人品牌

可口可乐的老板曾经说，如果一天早上醒来，可口可乐公司被大火烧了个干净，但仅凭“可口可乐”这4个字，一切马上就可以重新开始。这就是品牌的力量。著名篮球运动员姚明，由于自己的精湛球技而被选入NBA，2003年全明星首发阵容，姚明的出现为火箭队带来了空前的商机和人气，火箭队在姚明身上获得了巨大利益。姚明在NBA的生涯中，个人实际收入将达到或超过1.8亿美元，相当于6万工人一年的工业增加值。若用于投资，可创造5万多个就业机会，而围绕姚明的产业开发，将会超过11亿美元。这就是个人品牌的价值。

个人品牌体现价值观也体现影响力。人人都有价值观，人们正是因为按照自己的价值观才取得成功。只有保持真实的自我，只有恪守自己基本的价值观，才能创造出自己的品牌。

无论对于企业还是个人，成功品牌都是其创造者内在核心准确、真实的反映。为了以现实赢得信誉（认可、接受、赞许），创造者必须每天积极地体现出品牌的价值观，并在个人和专业“市场”中进行检验，观察他人是否接受这些价值观。归根结底，个人品牌是否出色并可行，要看关系是否已经成形，关系的深度和广度如何。

你需要将自己的价值观融入生活中，塑造品牌要从这里开始，最后也是到这里结束。正如我们强调的，这么做的目的不只是用价值观作为出色的个人品牌的基石，而且还是为了获得信誉，为了让周围的人认可你。如果你没有为自己的价值观树立起信誉，别人就无法通过你的品牌认识到你为这些价值观付出的努力。周围的人也无法通过观察你与他人的关系，看到这种内在的联系，最终也就无法认识“真正的你”。

个人品牌是一种提升影响力的途径，你要取得成功，就必须提升自己的影响力，所以，你有必要创造出自己的个人品牌。成功的个人品牌定位都有这些共性：

1．定位必须明确

定位的目的是让个人品牌在人们心中占据一个有力的竞争地位，只有明确、清晰的定位，才有利于人们铭记于心，才会有影响力。

2．定位必须区别于竞争对手

只有区别于竞争对手的定位，才能为雇主找到雇用你的理由，才能提供给雇主判断个人品牌的依据。

你应该给你自己经过奋斗可以成功的机会，将自己放在可以取得成功的位置上，把自己拉出注定要遭遇失败的地方（或者必须牺牲价值观才可通过的地方），坚持树立自己的个人品牌，要知道，出色的个人品牌比华而不实的表面形象深刻得多。因为品牌是关系，它们反映了影响力。

所以，创造并活出一个出色的个人品牌，这是你能够做得最好的投资。世界需要有影响力的品牌，并且尊重、依靠有影响力的品牌。如果你能够成就一个有影响力的品牌，你会因此更加成功。

打造你的品牌知名度

很多人为什么不想打造个人的知名度呢，这其中一个很重要的原因是，他们认为影响力品牌打造只局限于社会名流或那些工作在全国或世界范围内的人，像政治家或记者。其实这种想法是不正确的，个人知名度打造的原则适用于任何一个阶层。从好莱坞把演员的姓名置于片名之上来确保电影节的盛大首映式，到小企业主在当地的商会中确立自己的位置，事实上，人人都需要打造自己的知名度，扩大自己的影响力。

要拥有出色的知名度，你大可不必是活动家、鼓动者。个人品牌有 3 个不同层次的状态，每一个层次都可以从不同的角度打响自己的知名度：

1. 潮流倡导者

个人品牌的知名度与一种潮流或一种文化相关——在这个层面上，你的个人品牌不会影响一种潮流或文化，而是要融入其中，利用它的流行，提高人们对你的品牌的认识度和接受度。

潮流可能也确实会过时，因此，把你的个人品牌的知名度与一种潮流联系得过于紧密是很危险的。你最好能发现自己在品牌中、职业文化中最强的方面，从创造性到注意力再到细节，这样可能会更持久。当然，如果你能保持最新的潮流并取得更多的财富，那么抓住机会！

2. 潮流开拓者

个人品牌影响文化——个人品牌的知名度促使或者鼓励其文化中新思想的传播，例如一个室内设计师成为他所在地区第一批尝试新风格的设计师之一。潮流开拓者不但有能力在自己的文化中识别并发扬新思想，而且能与这种文化保持强有力的联系。潮流在变，他们却始终是众人瞩目的焦点，同时他们的知名度也在不断地扩大。

3. 偶像

个人品牌深深地铭刻于文化中——我们大部分人达不到偶像的知名度，因为这不仅需要个人品牌的打造技能，而且还要靠运气和媒体的宣传。偶像代表整个文化或潮流，就像鲍·迪伦是美国20世纪60年代生活的同义词。

不要为成为偶像这件事担心。即使你想成为偶像，这也不是你能控制的。成为偶像会带来很多优势，也会带来同样多的问题，比如你的知名度就会被无限放大。其实做到潮流开拓者这一步就能带来你所想要的成功了。如果你想在音乐界找出这样的例子，最好的就是麦当娜了。她作为艺术家的价值还有待探讨，然而有一个事实是不可辩驳的：她是女歌手自我改造、反叛和大胆文化注脚的代表。

因此，从这些方面可以了解到，个人的知名度不一定是成功人士才能拥有的，平凡的人们也可以拥有自己的知名度。

巧妙推广你的“个人品牌”

《成功地推销自我》的作者 E. 霍伊拉说：“如果你具有优异的才能，而没有把它表现在外，这就如同把货物藏于仓库的商人，顾客不知道你的货色，如何叫他掏腰包？各公司的董事长并没有像 X 光一样透视你大脑的组织。”

巧妙地推销自己，是变消极等待为积极争取、加快目标实现的不可忽视的手段。常言道：“勇猛的老鹰，通常都把他们尖利的爪牙露在外面。”精明的生意人，在销售自己的商品之前，总得想办法先吸引顾客的注意，让他们知道商品的价值。人，何尝不是如此呢？积极地自我推销，才能吸引他人的注意，从而判断你的能力，助你成功。推销自己既是一种能力，也是一门艺术。学会下面的几点，能够帮助你更好地推广个人品牌。

1. 要确定交往的对象

想要在公司里推广自己，你就要考虑一下，你在公司里喜欢与哪些人交谈，他们对你抱有什么期望，你有哪些特点能够对你的“对象”产生影响？同时，注意观察卓有成效的同事的行为准则，并吸取他们的优点。

2. 利用别人的批评

许多公司或企业的销售部门，利用调查表来了解消费者对自己产品好坏的评价。你也应了解别人对你的意见和指责，应该坦诚地接受批评，从中吸取教训。另外，应当注意言外之意。例如，如果你的上司说，你工作效率很高，那么在这背后也可能隐藏着对你的批评。

3. 要善于展示自己的优点

在人际交往中，要善于展示自己的优点。例如，你的语调是否庄重、胆怯或令人讨厌。语调与身体姿势、行走、握手和微笑一样可以说明一个人的许多特性。如果表现不好，就容易给人一种夸夸其谈、轻浮浅薄的印象。因此，最大限度地表现你的美德的最好办法，是你的行动而不是你的自夸。成功者善于积极地表现自己最高的才能、德行，以及各种各样处理问题的方式。这样不但表现自己，也吸收别人的经验，同时获得谦虚的美誉。学会表现自己吧，在适当的场合、适当的时候，以适当的方式向你的领导与同事展示你的优点，这是很有必要的。

4. 要善于包装自己

超级市场的货架上灰色和棕色的包装很少，为什么呢？这是因为没有人喜欢这些颜色的包装。你要不想成为滞销品，也应当检查自己的“包装”——服装、鞋子、发型、打扮等。要敢于经常改变自己的“包装”，才常会给人耳目一新的感觉。

在推销自己的时候，外表非常重要，而且永远不可忽视。生活中有很多人，虽然相貌平平，但在事业上也能获得很大的成功，关键是她们懂得包装自己。因此，对你的外表，你要加以注意，并充分挖掘、利用自己的优势。例如，如果你是个女人，你可以每天精心地来装扮自己，梳一个漂亮的发型；可以减掉10斤体重，让自己更苗条些等，总之，你想尽一切办法，也要变成一个讨人喜欢，使人愿意和你待在一起的那种人。

5. 适当表现你的才智

一个人的才智是多方面的，假如你是想表现你的口语表达能力，你就要在谈话中注意语言的逻辑性、流畅性和风趣性；如果你要想表现你的专业能力，当上司问到你的专业学习情况时就要详细一点说明，你也可以主动介绍，或者问一些与你的专业相符的工作单位的情况；如果你想要让上司知道你是一个多才多艺的人，那么当上司问到你的爱好兴趣时就要趁机发挥，或主动介绍，以引出话题；至于表现自己的忠诚与服从，除了在交谈上力求热情、亲切、谦虚之外，最常用的方式是采取附和的策略，但你要尽量讲出你之所以附和的原因。总之，在表现你的才智时，要注意适时、适当的原则，避免引起上司的猜忌。

6. 另辟蹊径，与众不同

这是一种显示创造力、超人一等的自我推销方式。

款式新颖、造型独特的东西常常是市场上的畅销货；见解与众不同、构思新奇的著作往往供不应求。独特、新颖便是价值。人也一样，他人不修边幅，你不妨稍加改变和修饰；他人好信口开河，你最好学会沉默，保持神秘感，时间越长，你的魅力越大；他人若总是扬长避短，你就可以试着公开自己的某些弱点，以博得人们的理解与谅解等。如果你愿意尝试用这些方法来表现自己，就一定可以收到异乎寻常的效果。

百门通不如一门精

许多人的通病是：总想成为掌握多种技能的多面手，最后却往往什么也不专、不精。一个成功的经营者曾经说过："如果你能专注地制作好一枚针，应该比你制造出粗陋的蒸汽机赚到的钱更多。"对一个领域100%地精通，要比对100个领域各精通1%强得多。面对外界的干扰，你的抗御力决定了你成功的概率：抗御力越强，你成功的概率就越大。

重庆煤炭集团永荣电厂的罗国洲，是一名有30年工龄的普通而不平凡的员工，从烧锅炉到司炉长、班长、大班长，至今他仍深情地爱着陪伴他成长并成熟的锅炉运行岗位。就是在这个岗位上他当上了锅炉技师，成为国内远近闻名的"锅炉点火大王"和锅炉"找漏高手"；就是这个岗位，让他感受到了一名工人技师的荣耀和自豪。

罗国洲有一副听漏的"神耳"，只要围着锅炉转上一圈，就能在炉内的风声、水声、燃烧声和其他声音中，准确地听出锅炉受热面的哪个部位管子有泄漏声；往表盘前一坐就能在各种参数的细微变化中，准确判断出哪个部位有泄漏点。

除了找漏，罗国洲还练就了一手锅炉点火、锅炉燃烧调整的绝活。在用火、压火、配风、启停等多方面，他都有独到见解。锅炉飞灰回燃不畅，他提出技术改造和加强投运管理建议，实施后使飞灰含碳量平均降低到8%以下，锅炉热效率提高了4%，为企业年节约32万元。

专注是通往成功路上的敲门砖，我们在追求成功、实现理想的道路上，必须学会舍弃一些东西，只有这样，才能避免无谓的精力浪费，从而更能集中才智，将一件事情做大、做精、做强。

鼯鼠掌握了五种技能：飞翔、游泳、攀树、掘洞和奔跑。它为此感到非常自豪：在动物世界里，有谁像我这样多才多艺？雄鹰飞得高，但它会游泳、掘洞、攀树、奔跑吗？老虎跑得快，但它会飞翔、游泳、攀树、掘洞吗？海豚是游泳能手，但它会其他4种技能吗？鼯鼠把自己和各种动物都比了个遍，越比越觉得自己的本领高，越比越觉得自己了不起。在它看来，老虎当兽中之王，雄鹰为鸟中之王，都是徒有虚名而已。真正的动物首领，非它莫属。

然而，人们还是把它与老鼠并列，划入啮齿目；又将它与弱小动物排在一起，归进松鼠科。

鼯鼠为此愤愤不平："胡闹，胡闹！老鼠、松鼠算什么东西？我可是动物中的通才、全才啊！"

有一天，鼯鼠正在向几只老鼠炫耀自己的5种技能，突然，一只老虎出现在它面前："小兄弟，你在说什么？"

鼯鼠吓得魂飞魄散，撒腿就跑。但是，它用尽力气跑了半天，老虎几步就追上来了。没办法，它慌忙爬上一棵树，这时，一只金钱豹又蹿了过来，三下两下就蹿上了树顶。情急之中，鼯鼠张开四肢飞到空中。但是，它的"翅膀"并不能像鸟一样扇动，只能滑翔。一只雄鹰轻轻扇了两下翅膀，眼看就要抓住它。无路可走了，鼯鼠"扑通"一声钻进水里。它刚想喘口气，一只水獭已箭一般地向它扑来。鼯鼠狼狈地爬上岸，伸出利爪掘洞藏身。水獭跟踪追来，没费吹灰之力，就扒开了它的洞穴，把它抓在手中。

"兄弟，我想领教领教，你还有什么招数吗？"水獭讥讽地问。

鼯鼠浑身像筛糠一样颤抖不止，后悔不迭地说："拥有一身平庸的本领，不如掌握一件过硬的技巧啊！"

人都喜欢贪多，却不明白一个道理：贪多而"消化不良"反而会一无所获。正如鼯鼠的感悟所得："业广不如业专。"与其掌握许多平庸的本领，不如精通一门过硬的技术。

巴黎一家五星级大酒店有个小厨师，长得憨憨的。他没有什么特别的长处，只能在厨房里打下手。但是他会做一道非常特别的甜点：把两个苹果的果肉都放进一个苹果中，而那个苹果会显得特别丰满，从外表上看，一点也看不出是两个苹果拼起来的，就像是自然生长的，果核也被他巧妙地去掉了，吃起来特别香甜。

这道甜点被一位长期包住酒店的贵妇人发现了，她品尝后，十分喜欢，并特意约见了做这道甜点的小厨师。贵妇人虽然长期包了一套最昂贵的套房，一年中也只有不到一个月的时间在这里度过，但是，她每次到这里来，都会点那道小厨师做的甜点。

酒店年年都要裁去一定比例的员工，但不起眼的小厨师一直在原来的岗位上，工作如初。后来，酒店的总裁告诉小厨师，那位贵妇人是他们最重要的客人，而他是酒店里不可或缺的人。

刺猬面对强敌，任何时候都只有一招，那就是缩成一团来防御和抵抗，这仅有的一招保证了刺猬在残酷的生存斗争中获得生存的权利。这对于我们获得业绩有很大的启示：那就是，一技之长是创造业绩不可缺少的本领。

一招鲜吃遍天，只要你专注于某一个领域，能把一件事情做到非常专业的地步，没有人能够超越你，那这就是你在构建个人品牌中最重要的一步。

主动曝光自己的能力

也许你是一个聪明绝顶的人，有着足够的胆识和谋略，但是，如果你不展示出来，你的一切也许只有你自己清楚。当今时代是一个追求效益的时代，默默无闻的人再优秀也无法得到赏识，让别人看到你的存在，看到你的成绩，才能吸引更多人的关注，得到意想不到的收获。

巴纳斯是大发明家爱迪生生前唯一的合伙人，他是一个意志坚强、勤奋努力的人。起初他一无所有，他在爱迪生那里谋到了一份普通的工作，做设备清洁工和修理工。当时爱迪生发明了口授留声机，但是公司的销售人员不能把它卖出去，巴纳斯这时主动申请做了留声机的销售员，但工资依然是清洁工的薪水。当时这种机器不是很好卖，巴纳斯跑遍整个纽约城，才卖了7部机器，应该说已经是一个不错的业绩了。他通过总结这段时间的销售经验，冥思苦想制订了留声机的全美销售计划，然后把计划拿到爱迪生的办公室。爱迪生看过后，非常高兴，很欣赏他的计划，也为他的努力和细心而感动，同意巴纳斯成为他的合伙人。从此，巴纳斯成了爱迪生一生中唯一的合伙人。

巴纳斯向老板主动展示了自己创造性的工作，因此得到了老板的赏识，进而从一名小小的清洁工雇员成为爱迪生的合作者。

做事、立事，谁不希望自己能够一帆风顺，一夜之间成名得利？巴纳斯本来是一个小人物，如果他没有展示自己的能力，得到爱迪生的提携，即便他再有才能，再努力奋斗，在一个竞争激烈的商品社会中，也很难达到如此的成就。

盛唐时期，诗人王维想参加科举考试，请岐王向当时权势大的一位公主疏通关节，事先向主考官打声招呼，照顾一下第一次参加科考的自己。可是公主早已答应别人，为另外一位叫张九皋的人打过了一次招呼。岐王也感到十分为难，他对王维说：“公主性情刚强，说一不二，想强求她改变主意给你打招呼，实在不容易，我来给你出个主意。你将你旧诗中写得最好的抄下10来篇，再编写一曲凄楚动人的琵琶曲，5天以后你再来找我。”五天后王维如期而至。岐王找出一身五颜六色的衣服，将王维打扮成一名乐师，携了一把琵琶，一同来到公主的府第。岐王事先对公主说：“多谢公主予以接见，今日特地携了美酒侍奉公主。”说罢便令摆上酒宴，乐工们也都依次进入殿中。年轻的王维容貌秀美，风度翩翩，引起了公主的注意，她便问岐王：“这是什么人？”岐王道：“他是一个在音乐方面颇有造诣的人。”王维演奏了一首琵琶曲，曲调凄楚动人，令人击节叹息。这首曲子是王维新近创作的，他演奏起来自然得心应手。公主非常喜欢这首曲子，于是迫不及待地向王维发问：“这首曲子叫什么名字？”王维马上立起身来回答：“叫《郁轮袍》。”公主对王维更感兴趣了。岐王乘机说道：“这个年轻人不仅曲子演奏得好，还会写诗，至今在诗歌方面没有人能够超得过他！”公主越发好奇了，赶忙问道：“现在手里有你写的诗吗？”王维赶忙将事先准备好的诗从怀中取出，献给公主。公主读后大惊失色，说道：“这些诗我从小经常诵读，一直认为是古人的佳作，怎么竟然是你写的呢？”于是，让王维换上文士的衣衫，入席。王维风流倜傥，谈吐风趣幽默，在座的皇亲国戚纷纷向他投去钦佩的目光。岐王趁热打铁，说道：“如果这个年轻人今年科举考试得以高中，国家肯定又会增添一位难得的人才。”公主问：“为什么不让他去应试？”岐王道：“这个年轻人心高气傲，如果不能得到最为尊贵的人推荐考中榜首，宁愿不考。可闻听公主已推荐张九皋了。”公主连忙笑道：“这没关系，那个人也是我受他人所托才办的。”接着她又对王维说：“你如果真的想考，我必定为你办成这件事。”王维急忙起身道谢。公主立刻命人将主考官召来，派奴婢将自己改荐王维的意思告诉了他。于是，王维一举成名。

试想，如果王维终日隐居深山，纵然有再大的能力，也难以得到公主的提携。如果你认为你是一颗珍珠，就不要只是默默无闻地埋藏在沙滩里；如果你认为你是一颗钻石，那么就擦亮自己，骄傲地绽放光彩。只有充分展示你的能力，才能够引起人们的重视，一步步走向成功。

和奥巴马学网络营销

这是一个个人营销的时代，每个人都必须学会推销自己、传播个人价值，才能引起别人的关注，成功打造自己的品牌形象。而网络时代的到来，让我们不再局限于自己的狭小生活圈子，网络让我们“天涯若比邻”，你的知己、你的客户、你的贵人，甚至你的成功，就隐藏在你不经意点击的某个网站背后。

现任美国总统奥巴马，被媒体称为 Web 2.0 总统，他充分利用网络资源和媒体资源作为宣传自己的工具，与民众拉近距离，增加自己的曝光度。让我们来看看奥巴马是怎样运用网络资源为自己打广告的。

1. 视频网站

曾经在短短的一星期内，奥巴马的竞选团队就在视频网站 YouTobe 上上传了近 70 个关于奥巴马的视频。接着，奥巴马又公开宣布，他每周的国民演说都将被录制成视频，上传到视频网站 YouTobe 上，这在美国总统竞选的历史上可谓是“前无古人”，引起了强烈的反响。

这些上传的网络视频都是奥巴马的竞选团队为他量身订做的，视频中的奥巴马看起来精明能干而又平易近人，着实起到了很好的广告作用。

2. 个人博客

在网络上宣传自己自然少不了博客这一重量级角色。奥巴马成立了个人博客，还加入了 FACEBOOK。他通过博客，为自己成功地树立起年富力强、锐意进取的个人形象，并且有效地拉近与选民之间的距离。

3. 搜索引擎关键字

让自己成为热点的方法之一就是，把自己和更多的热点联系起来。

为此，奥巴马购买了 Google 网站的“关键字广告”，把自己的名字和“油价”“伊拉克战争”“金融危机”等热点关键字联系起来。也就是说，如果你在 Google 上搜索这些关键词，那么网站上马上就会跳出奥巴马对这些问题的观点和评论，让你想不关注他都难。

4. 邮件宣传

为了赢得美国当地华人的支持，奥巴马的竞选团队精心打造了一封名为《我们为什么支持奥巴马参议员——写给华人朋友的一封信》，这封邮件在网络上到处传播，详细阐述了奥巴马当选能够为美国当地华人带来的好处，为奥巴马赢得了不少选票。

据统计，奥巴马在总统竞选活动中花费了1600 多万美元在广告上，而竞争对手在网络上只花费了大约360 万美元。奥巴马竞选胜利不能不说和他的网络营销策略有十分紧密的联系。当然，我们大多数人没有奥巴马那样强大的竞选团队，也没有实力购买搜索引擎关键字，但是，我们仍然可以利用网络资源提升自我输出的能力，让更多的人认识我们、注意到我们的价值。

比如，我们可以很好地利用博客、微博来宣传自己。打造自己的品牌形象，关键的一步就是及时向他人传递自己的信息，让别人了解你的价值，而博客正好能够起到这种效果，比起个人介绍和名片，博客能够向更多的人介绍你最新的信息。对此，坂田笃史在他的书籍中介绍了自己的经验。他每天都会更新自己的博客，个人名片上写下自己的博客，收到名片的人就会浏览他的博客。其次，他将博客和 SNS 网站结合起来发表个人信息，他的博客读者越来越多。最重要的一点是：不要把全部的信息都写出来，而是重点强调自己擅长的领域，让浏览过你博客的人知道你在什么领域处于优势，你拥有哪些信息、哪些想法。此外，要经常利用博客向外界传达一些能够吸引读者兴趣的信息，如果能让别人觉得每次浏览你的博客都能有一些收获，那么你一定会拥有越来越多的粉丝。

一个精通自我形象投资的人就应该“该出手时就出手”，运用网络营销自己。今天，我们已经彻底步入了一个信息化社会，信息化社会的一个明显特征就是：网络渐渐成为影响当代人工作和生活中的细节的重要因素之一，它将人们的社交范围一下子扩大了很多。在这种环境下，人们对信息的意识，对开发和使用信息资源的重视程度越来越强。于是，人与人的联系方式也趋向于多样化，QQ、e-mail、MSN、BBS等，应有尽有。这些沟通方式的诞生，打破了人们常规的交往模式，也极大地缩短了人与人之间的距离，使很多以前根本不可能的事通过网络都能够很快地得到实现。

第八章

信念力创造卓越人生

想法可以改变命运

既然想到和得到之间似乎存在着一种天然的承接关系，那么是不是说我们想要一辆车，这辆车就会立刻出现在我们面前？我们想要一座房子，便会得到那栋漂亮别墅的钥匙呢？

不要误会，吸引力法则不是“魔法”。你不能仅仅通过幻想就可以获得物质财富和个人成就，你还需要其他的方法，这些方法会帮助你获得你想要的。但是，如果你不清楚自己想要什么，或者不能始终专注在你想要的事物上，再努力工作也不能给你带来幸福的生活。因此，你要清楚自己想要的是什么。当你能始终向外界释放积极情绪时，你就能获得积极的反馈。

想要什么，就能得到什么。这些天方夜谭式的想法仿佛只会存在于童话故事中，但事实上我们完全有能力把它变为现实。如果你能积极地面对生活，令人满意的生活就会降临到你的身上；反之，如果你认为自己注定一生倒霉，那么你便永远无法得到幸运女神的青睐。

实际上，人类的生活正是思想的体现。我们在人生之路上迈出的每一步，根源都在于我们头脑中瞬时形成的想法，想法会形成感受，从而产生行动，导致结果，并最终成为我们能够感受到、触摸到的现实生活。所以，你的想法便能改变命运。

人的想法包括意识和潜意识两部分，我们能够关注到意识在一件事情的进展中所发挥的作用，往往忽视了更为重要的潜意识，然而我们大部分的日常行为都是受到潜意识控制的。

如果你不能理解，试想一下，你的许多渴望、心愿、需求是不是常常来自于你自己都意识不到的想法？尽管如此，我们也不必担心这难以察觉的潜意识会违背我们的初衷，因为意识就像潜意识的一张过滤网，只有对于自身很重要的想法才能顺利通过。所以，只要控制了有意识的想法，便能控制潜意识的想法，进而持久有效地改变自己的生活。

正因为想法对于命运转变的重要作用，所以我们应该去关注那些能够赋予自己积极动力的事物，充分发挥想象，听从幸福的指引，而不是像多数人常犯的错误——他们总是关注那些自己不想要、不能拥有或者不能做到的想法和事情。

在圣诞节来临前，一位父亲为两个儿子分别准备了不同的礼物。夜里，他悄悄把这些礼物挂在圣诞树上。

第二天早晨，两个孩子都早早起来，想看看圣诞老人给自己的是什么礼物。哥哥的圣诞树上礼物很多，有一把气枪，有一辆崭新的自行车，还有一个足球。哥哥把自己的礼物一件一件地取下来，却并不高兴，反而忧心忡忡。

父亲问他："不喜欢吗？"

哥哥拿起气枪说："看吧，我如果拿着这支气枪出去玩，没准会把邻居的窗户打碎，那样一定会招来一顿责骂。还有，骑着这辆自行车出去，一不小心也许会撞到树干上，会把自己摔伤。而这个足球，总有一天，我会把它踢爆的。"

父亲听了没有说话，而是转头看向了弟弟。

弟弟的圣诞树上除了一个纸包外，什么也没有。他把纸包打开后，不禁哈哈大笑起来，一边笑，一边在屋子里到处找。哥哥凑过去抢过了他的纸包，一看里面竟然是一包马粪！他困惑地问弟弟："这只是一包马粪，你为何如此开心？"

弟弟哈哈大笑："这说明肯定有一匹小马驹就在我们家里啊！"最后，他果然在屋后找到了一匹小马驹。

父亲微笑着，什么话也没说。

从这个故事中，你是否得到了启发：你是想像哥哥一样，将所有心思放在了那些竭力避免的事情上而忧心忡忡？还是想像弟弟一样，为了能够得到的事情而欢天喜地？

请按照这种方法去做，每当一个使你感到沮丧或者消极的念头潜入你的思维时，马上提醒自己将想法转移到使你感觉良好或者充满能量的事情上。唯有这样，你才能选择正确的想法，明确地知道自己想要的是什么，才能实现吸引力法则这一宇宙法则的意义，从而获得行动的引导和动力。

为了充分适应吸引力法则，以获得积极的结果，你要将渴望的东西具体化，想象你拥有它之后的喜悦，并坚信你会得到它。就是这么简单。

把愿望渗透到潜意识

大多数的心理学家都赞同这样一个观点：潜意识的力量要比有意识的力量大得多。也许你已经毕业奋斗了好几年，还是一个小角色，但是请相信自己，一旦将潜意识的力量挖掘，你就可以创造奇迹。

你必须对成功有着强烈的欲望，将定下的目标牢牢刻在心里，所有的思想和行动都围绕着这个目标进行。滋养你对成功的欲望，使之强烈地渗透到潜意识里，让自己一天24个小时都专注于你定下的目标，即使在睡梦中也念念不忘，也就是我们常说的“做梦都在想”。

有一位年轻人，想向大哲学家苏格拉底请教成功的秘诀。苏格拉底并没有回答他，第二天，苏格拉底把这个年轻人带到一条小河边。

苏格拉底“扑通”一声跳进了河里。年轻人很奇怪，大师不告知我成功的秘诀，难道这是要教我游泳吗？看见苏格拉底在河中向他挥手示意，年轻人稀里糊涂地也跳进了河里。没想到，他一跳下来，苏格拉底立即用力将他的脑袋摁进水里。年轻人用力挣扎，刚一出水面，苏格拉底再次用更大的力将他的脑袋又摁进水里。年轻人拼命挣扎，刚一出水面，还来不及喘气，没想到苏格拉底第三次死死地将他的脑袋摁水里……

年轻人感觉大师不像是在开玩笑，再这样下去自己就要命丧河中了！求生的欲望使他用尽全身力气再次挣扎出水面，不等苏格拉底反应就疯了似的往岸上跑。爬上岸后，他惊魂未定地指着还在水里的苏格拉底说：“大师，你到底，到底想干什么？”

苏格拉底慢慢走上岸，问年轻人：“你在水里面最想得到的是什么？”

年轻人回答说：“空气！没有空气我就淹死了！”

苏格拉底说："这就是成功的秘诀。你必须对成功有着强烈的欲望，就像你有着强烈的求生欲望一样。"

心理学上有一个概念叫作"期望强度"，指的是一个人在实现自己想要达成的既定目标过程中，面对各种困难和挑战所能够承受的心理限度，简单地说，就是成功欲望的牢固程度。

如果一个人的期望强度很低，那么他在残酷的竞争和艰难的挑战面前很容易就会缴械投降；只有那些坚持"我一定要成功"的人，潜意识里充溢着对成功的无限渴望，才会披荆斩棘、永不止步，直至到达成功的目的地。

滋养你对成功的欲望，让你的成功欲望点燃你的热情和激情，让这团烈火燃烧吧，甚至燃烧到你的屁股，让你每时每刻都不坐待机会，永远保持向成功进发的行动状态！

"我一定要成功！"这是成功学课程上老师们最爱用来鼓励同学的口号。你每天发自内心地大声喊出这个口号，渐渐地，你会发现你正在走向成功的道路上。因为你的"潜意识"也在呐喊着"我一定要成功"，它会用它强大的力量指引你走向成功。所以，把你的愿望告诉给潜意识吧，它会带给你神奇的力量！

感受并利用宇宙能量

“人乃万物之灵”，在地球这颗美丽的行星上，人类主宰着一切。但是，人类赖以生存的一切都源于宇宙能量。人不能创造能量，只能感知和利用能量。现在这一刻，请闭上眼睛，慢慢地感受你的呼吸、你的心跳、你的脉搏……

呼吸是没有条件、没有意识的，在一呼一吸之间，生命有了维持下去的可能；我们的心脏持续不停地有力跳动，把血液输送到全身各处的组织和细胞，维持着正常的新陈代谢；我们的身体内时时刻刻都在发生着生化反应和物质交换，维持着我们的生命活动；而大脑的高速运转让我们能够观察、思考、感知这个世界。试想一下，如果没有了思维，我们和植物有什么区别？其实，一直以来，都有一股无形的能量支持着我们，让我们感觉到生命的气息。这股能量来自于宇宙，而并非源自于我们。它只是从我们身上流通，我们是感应宇宙能量的精神体。

由著名导演詹姆斯·卡梅隆执导的科幻巨著《阿凡达》，不仅为我们讲述了一个美丽的故事，更为我们理解自身这个能量体提供了很好的参考。

主人公杰克是一个双腿瘫痪的前海军陆战队员，觉得没有任何东西值得他去战斗，于是对被派遣去潘多拉星球的采矿公司的工作欣然接受。当他走进一个舱体之后，随着一道闪光，他的意识就进入了他在潘多拉星球的“化身”——酷似纳威人的蓝色躯体中了。这个化身完美无瑕，甚至连眼神都极具说服力。接下来，杰克开始了他的神奇之旅。

在潘多拉星球上，有着晶莹圣洁的灵魂树，它是纳威远古祖先生生不息繁衍下的种族精神，是凝聚潘多拉星球万物万灵和谐共处、平等尊重的图腾。因此，纳威人重视心灵的沟通——人与人，人与动物，人与植物，所有生物和谐共处。

不得不杀死动物时，纳威人会抚摸动物，并为它祈祷："愿圣母与你同在!"

当杰克挑选自己的翼兽时，他也学着纳威人的样子用辫稍与翼兽建立起"连接"，就在这一瞬间，翼兽的眼神忽然变得温柔，一次飞行，终生相伴。

纳威人懂得生命的存在不过是从此到彼，循环不已；神是无所不在的，纳威人的所思所想神都能感知感应，并在冥冥中指引着纳威人顺应自然。但是文明世界的很多人失去了真正的爱——那种真实、平衡、自由的爱，他们忘记了自己来自于自然，宇宙才是真正的母亲。

现在，是回归我们心灵家园的时候了。

虽然现实世界看起来是二元性的，有光明、有黑暗；有贫穷、有富有；有善良、有邪恶；有美好、有丑陋；有成功、有失败……但这一切都是假象，每个人都是感应宇宙能量的精神体。我们都来自宇宙，我们的本源是连接在一起的，我们都是喜悦、平安、永恒的化身。

我们也能够像电影中的杰克一样，将自己的感受和灵魂与其他生命体，包括植物、动物甚至没有生命的事物进行交流。你可以轻易地感到水滴的剔透、花朵的愉悦、飞鸟的自由……这种感受和体验，有助于我们更好地了解自然、融入自然，感受宇宙的能量。

量子物理学家阿米特·哥斯瓦米是研究感知意识的专家，他经常主张宇宙万物都有自我觉察的能力，而人类所知的物质世界，其实是由我们的感知创造出来的。指引和直觉会为我们开启通往成功、富裕、快乐的道路，它们会导引我们的心灵，告知最贴切的方向。

无论你是任何身份，是非洲草原上原始部落的狩猎者，还是美国华尔街的高级银行家，在做任何事情时，你都在不知不觉地使用宇宙能量。当你能够聆听内在光明的指引，回归生命的本源时，你会感到神清气爽、力量无穷、得心应手，你会感到一股满足感和轻松畅快的能量流；而当你与宇宙的连接出现问题，心灵被现实世界蒙蔽的时候，你会感到浑身无力，悲观沮丧，产生深深的无力和疲倦感。

伟大的宇宙有一股无形的能量、一股永远存在的创造能量。人是感受这股能量的精神体，只要我们遵循宇宙法则，与宇宙连接，合理运用这份能量，必然能够创造快乐、富足、圆满、成功的人生。

做传播正面思想的使者

有一位企业家用一个很经典的方程式表达他的工作观和人生观，这个方程式是：成功 = 态度 × 努力 × 能力。其中，最重要的就是态度。如果方程中态度为负，如果不改正，不管你有多少财富，你都不可能有幸福的人生。

要拥有幸福的人生，事业做到最大，就必须具备正面思想。只有做到这点，一个人的一生才有可能会硕果累累，生活中才会幸福美满。

人和动物、植物的区别在哪里？心理学之父威廉·詹姆斯曾说过，我们这个时代最伟大的发现就是，人们可以通过改变思维方式来改变自己的生活，而思维方式是人们可挑选的一种选择，我们可以用积极抑或消极的思想对待事物。若非身体机能出现差错，我们都可能自主地选择用那种思维方式思考问题。

大脑作为一个出色的过滤器，但很多人不懂得如何使用它。阿兰·彼得森在《更好的家庭》一书中说道，消极思潮正影响着我们，人天生容易受到消极思想的影响。在实际工作中，人们不难发现，如果有一个人说一些心灰意冷的话，就极有可能降低整个团队的士气；真诚的赞美则令人精神鼓舞、斗志昂扬。

纵观人生百态，成功者之所以成功，就是能够将正面思想运用到生活的方方面面之中，自己树立自己，自己成就自己。

一个精明的荷兰花草商人，千里迢迢从遥远的非洲引进了一种名贵的花卉，培育在自己的花圃里，准备到时候卖个好价钱。对这种名贵花卉，商人爱护备至，许多亲朋好友向他索要，一向慷慨大方的他却连一粒种子也不给。

第一年的春天，他的花开了，花圃里万紫千红，那种名贵的花开得尤其漂亮。第二年的春天，他的这种名贵的花已繁育出了五六千株，但他发现，今年的花没有去年开得好，花朵略小不说，还有一点杂色。到了第三年，名贵的花已经繁育出了上万株，令他沮丧的是，那些花的花朵变得更小，花色也差很多，完全没有了它在非洲时的那种雍容和高贵。当然，他没能靠这些花赚上一大笔。

难道这些花退化了吗？可非洲人年年种养这种花，大面积、年复一年地种植，并没有见过这种花会退化呀。百思不得其解，他便去请教一位植物学家。

植物学家问他："你的邻居种植的也是这种花吗？"他摇摇头说："这种花只有我一个人有，他们的花圃里都是些郁金香、玫瑰、金盏菊之类的普通花卉。"植物学家沉吟了半天说："尽管你的花圃里种满了这种名贵之花，但和你的花圃毗邻的花圃种植着其他花卉，你的这种名贵之花被风传播了花粉后，又沾上了毗邻花圃里的其他品种的花粉，所以你的名贵之花一年不如一年，越来越不雍容华贵了。"商人问植物学家该怎么办，植物学家说："谁能阻挡住风传播花粉呢？要想使你的名贵之花不失本色，只有一种办法，那就是让你邻居的花圃里也都种上你的这种花。"于是商人把自己的花种分给了自己的邻居。次年春天花开的时候，商人和邻居的花圃几乎成了这种名贵之花的海洋——花色典雅，朵朵流光溢彩，雍容华贵。

这些花一上市，便被抢购一空，商人和他的邻居都发了大财。

分享可以给自己一个好人缘和和睦的生活环境。在分享中，我们得到的远比分享的多得多。做一个正面思想的传递者，你不仅能给他人带去福音，自己的生活也会更加美好。

成功是有顺序的，首先是保持正面思想，然后是有效的做法，最后是人格的提升。可以这么说，正面思想是所有成功的起点。在历史故事里和现实生活中，哪里有成功人士，哪里就有正面思想。

一个企业要和国际接轨，就要和比自己强大的跨国企业竞争，这就要求有一个正确的思想，在思想上立于不败之地。首先必须要在软件上战胜竞争对手，充分看到自己的优势和长处，懂得化不利为有利。在迈向成功的道路上，我们比以往任何时候都需要正面思想。

正面思想会促使人们以积极、主动、乐观的态度去处理任何事情，使事情向着有利的方向发展；正面思想使人在顺境中脱颖而出，在逆境中更加坚强；正面思想会变不利为有利，变优秀为卓越。

正面思想在人们日常生活中真正执行起来，会发现其更多的力量和价值。卡尔·巴德说过："虽然时光不会倒流，无人能够从头再来，但人人都可以从现在做起，开创全新的未来。"正面思想是一个神奇的魔棒，它能点铁成金，帮助每一位员工在职场中搬开绊脚石，披荆斩棘，乘风破浪，并赋予他们一个充满魅力的人格。

暗示的惊人力量

心理学家马尔兹说：“我们的神经系统是很‘蠢’的，你用肉眼看到一件喜悦的事，它会做出喜悦的反应；看到忧愁的事，它会做出忧愁的反应。”研究发现，积极的自我暗示确实能调动人的巨大潜能，使人变得自信、乐观。当你习惯性地想象快乐的事时，你的神经系统便会习惯性地让你拥有一个快乐的心态。所以，我们要经常对自己进行积极的自我暗示，比如，“我生活的每一方面，都在一天天地变得更美好”“我的心情愉快”“我一定能成功”等。

一位日本心理学家曾这样说过：“当我们的头脑处于半意识状态时，是潜意识最愿意接受暗示的时刻，在这个时候进行暗示的接收工作是再理想不过的了。”在暗示的过程中不必对目标究竟能否实现有太多顾虑，例如，你总用“我是最好的”来暗示自己，虽然眼前事实并非如此，但那又有什么关系呢？现在没有实现，并不代表未来不会实现。

只要你的内心能坚持积极的自我暗示，你就会接受这种观点，充满自信。正如美国心理学家威廉斯说：“无论什么见解、计划、目的，只要以强烈的信念和期待进行多次反复的思考，它必然会置于潜意识中，成为积极行动的源泉。”

与此相反，消极的心理暗示则会给人带来极大的危害。如果暗示本来就对未来缺乏坚定信心或正在苦苦努力的人最近将会走背运，那么他们很有可能会放弃努力，至少心理会受影响，接踵而至的失败或者不如意，便会让他认为真的走“背运”了。但他们不知道的是，这所谓的走背运其实是由于他们自己的放弃，使周身的积极气场迅速发生蜕变，最后成了一个彻头彻尾的害怕失败却正遭受失败的人。所以我们要多给自己积极的心理暗示，远离消极的心理暗示。

在美国夏威夷，某公司聘请了一位与众不同的销售经理。这位经理每天早晨都组织部下进行一次聚会，并在聚会上要求所有员工齐声高叫："我觉得健康！我觉得愉快！我觉得大有作为！"接着，便是大家一起开怀大笑，互相拍掌捶背，祝贺一天的好运气，然后再各人干各人的活。结果，在公司里，这个部门的每位员工完成的销售额都高得惊人。

这位经理的聪明之处就是善于使用暗示效应。在聚会过程中，所有员工都能通过积极的自我暗示来鼓励自己一天的工作，这对他们能够取得骄人业绩起到了非常大的促进作用。

人的行为是可以改变命运的，暗示通常会是其中起决定作用的因素。心理暗示会促使一个人做出行为上的改变，或者更积极，或者更消极。很多时候，与其说性格决定命运，倒不如说心境决定命运。

心理暗示定律，指人或环境以非常自然的方式向个体发出信息，个体无意中接受了这种信息，从而做出相应反应的一种心理现象；是通过使用一些潜意识能够理解、接受的语言或行为，帮助意识达成愿望的一种行为。

不同的心理暗示会有不同的定位。一个人的命运，往往就是其自身的这种心境变化和外在因素的相互作用。一个颓废的人，若被暗示即将转好运，那么他多半会比从前积极，其积极的态度，肯定会给他带来一个较为良好的改变。这时，他就会认为真的是"转运"了，殊不知，这种转变其实是他自己努力的结果。他从消极厌世变成了渴望活得更好，促成了气场的转变。

一天傍晚，一位叫亨利的青年移民站在河边发呆。因为亨利从小在福利院长大，身材矮小，长相也不漂亮，讲话又带着浓厚的法国乡下口音，所以他一直很瞧不起自己，连最普通的工作都不敢去应聘。他没有工作，也没有家。

就在亨利徘徊于是生是死的选择的时候，他的好朋友约翰兴冲冲地跑过来对他说："亨利，告诉你一个好消息！"

"好消息从来不属于我。"亨利一脸悲戚。

“不，我刚刚从收音机里听到一则消息，说拿破仑曾经丢失了一个孙子，播音员描述的相貌特征，与你丝毫不差！”

“真的吗，我竟然是拿破仑的孙子？”亨利一下子精神大振。联想到爷爷曾经以矮小的身材指挥着千军万马，用带着泥土芳香的法语发出威严的命令，他顿时感到自己矮小的身材同样充满力量，讲话时的法国口音也带着几分高贵和威严。

第二天一大早，亨利满怀自信地来到一家大公司应聘，他竟然成功。20 年后，亨利成了这家公司的总裁。经查证，他并非拿破仑的孙子，但是，这早已不重要了，重要的是，他因为那个暗示走出了人生的低谷。

暗示是影响潜意识的一种最有效的方式，它超出了人们自身的控制能力，指导着人们的心理、行为，有着不可抗拒和不可思议的巨大力量。

科学家对许多成就非凡的人做过研究，结果表明，他们在关键时刻都能进行积极的自我暗示，给自己增强信心，因此他们能战胜无数的困难，在潜移默化中改变了命运。

暗示的力量是非常强大的，无论什么时候，你若始终给自己积极暗示，给自己鼓励，最终你将发现，你已经成了你想要成为的那种人。

第九章

用饥饿感制胜

保持空杯心态

古时候一个佛学造诣很深的人，听说某个寺庙里有位德高望重的老禅师，便去拜访。进门后，他跟大师的徒弟说话的态度十分傲慢。老禅师却十分恭敬地接待了他，并为他沏茶。可在倒水时，明明杯子已经满了，老禅师还不停地倒。

他不解地问："大师，为什么杯子已经满了，还要往里倒？"

大师自语："是啊，既然已满了，我干吗还倒呢？"

禅师的本意是，既然你已经很有学问了，干吗还要到我这里求教？

生活中，很多人很想不断充实自己，但由于没有保持好的心态，最终一事无成。做事的前提是先要有好心态。如果想学到更多学问，先要把自己想象成"一个空着的杯子"，而不是骄傲自满。不管自己的才能多高，自己所掌握的知识有多少，都必须把自己的心态放空，让自己回归到零，如此才能保持适度的本领恐惧感，才能使自己随时处于一种学习的状态，将每一次都视为一个新的开始、新的体验。

乔雅是一个跨国企业的财务总监，当他感到自己的工作状态到了饱和状态的时候，他向公司请了一个月的假，然后告诉自己的家人，不要问他去什么地方，他每个星期都会给家里打个电话，报个平安。

乔雅只身一人，去了美国南部的农村，尝试着过另一种全新的生活。他到农场去打工，去饭店刷盘子。在田地做工时，背着老板躲在角落里抽烟，或和工友偷懒聊天，都让他有一种前所未有的愉悦。

一个月后，当乔雅重新回到公司，回到自己熟悉的工作环境后，却觉得以往再熟悉不过的东西都变得新鲜有趣起来，工作成为一种全新的享受。

这一个月的经历，像一个淘气的孩子搞了一次恶作剧一样，新鲜而刺激。更重要的是，它使乔雅回到一种原始状态，就如同儿童眼里的世界，一切都充满乐趣，也不自觉地清理了心中积攒多年的“垃圾”。

从某种意义上，当一个人的发展遭遇某种瓶颈时，可以以“空杯”的方式放弃从前，关上身后的那扇门，就会发现另一片美丽的后花园，找到另一番生活的乐趣。

空杯的心态就是归零、谦虚的心态，就是重新开始。有这样一种现象：人们第一次成功相对比较容易，第二次却不容易了，这是为什么？

一位国内著名的集团老总曾经说过这样意味深长的话：“往往一个企业的失败，是因为它曾经的成功，过去成功的理由是今天失败的原因。任何事物发展的客观规律都是波浪式前进，螺旋式上升，周期性变化。中国有一句古话，叫风水轮流转，经济学讲资产重组。”生活就是不断地重新再来。不空杯就不能进入新的资产重组，就不会持续发展。

在此之前，你可能有过很高的地位，可能拥有很多的财富，具有渊博的知识，但是当你想要达到更大成功的时候，你一定要有一个空杯的心态。只有心态空杯你才能快速成长，才能学到更多的成功方法。

如果你要喝一杯咖啡，就必须把杯子里的茶先倒掉，否则把咖啡加进去之后，就茶也不是，咖啡也不是，成了四不像。毛泽东说：学习的敌人是自己的满足，要认真学一点东西，必须从不自满开始。

一切从头再来，就像大海一样把自己放在最低点，来吸纳百川。虚心使人进步，骄傲使人落后。有句话说：谦虚是人类最大的成就。谦虚让你得到尊重，越饱满的麦穗越弯腰。

由此可见，保持一种空杯心态对于一个人长期的发展是多么的重要。海尔集团首席执行官张瑞敏说：“我们主张产品零库存，同样主张成功零库存。只有把成功忘掉，才能面对新的挑战。”海尔的年销售额数百亿元，但张瑞敏从未有一丝飘飘然的感觉，相反，他却时时处处向员工灌输危机意识，要求大家面对成功始终保持一种如履薄冰的谨慎。

成功仅代表过去，如果一个人沉迷于以往成功的回忆，那他就再也不会进步。对于有远大志向的追求者来说，成功永远在下一次。保持“空杯”心态，才能不断发展创造新的辉煌。人们问球王贝利哪一个进球是最精彩、最漂亮的，他的回答永远是“下一个”！冰心说，冠冕，是暂时的光辉，是永久的束缚。一个人只有摆脱了历史的束缚，才能不断地向前迈进。

空杯心态，其实就是一种虚怀若谷的精神，有了这种精神，人才能够不断进步，不断走向新的成功。

在心智成熟的基础上需要新的挑战

我们总是会被另一个自己打败，因为自己是自己最大的敌人。永远不要中止与自己的作战。一次战赢后，就把念头整个翻过来，向更高的自己挑战。不敢挑战自我，是将自我潜能设限，无限的潜能就只能成为有限目标的附属，而勇于向自己挑战，是获得成功的基础。挑战自己，哪怕直到头发花白，生命也将不会留下遗憾。

奥斯·帕立舒是一个成功的企业家，但他从没有认为自己已完成了一切。他永远在向下一个目标前进，一生都走在不断自我挑战的道路上。尽管他有口吃的毛病，但他每年都会在纽约大都会饭店举办一年一度的演讲，偌大的会场总是挤满了全国各大公司的经理，屏息敛气地聆听他分析市场现状和未来趋势。这种场面对任何人来说，都是值得自豪，但对他来说，这不过是他达到众多目标中的一个而已。

他从不为取得的成绩沾沾自喜，直到晚年，他仍旧能不断产生出人意料的新构思。每当别人为他取得的某个成就向他祝贺时，他都不屑，只会兴冲冲地说："不谈那个，你现在听听我刚刚想到的一个构想。"在他94岁的时候，医生告诉他的朋友，他不久于人世；朋友赶紧给他打去电话。"嗨！"他的精神状态非常好，"我又有了新的构想，是一个伟大的构想。"他简要地说明了他那令人兴奋的新目标。他根本没有提到死亡，只是尽情诉说他将如何实现这个新目标。两天后，他因病情恶化而去世。

无论奥斯的构想最后有没有实现，他的人生都不再有遗憾，因为他在生命的每一个时刻都在不断地挑战自己，与自己作战使他见了自我生命的全貌。同奥斯一样，美国棒球界著名人物里奇，也是一个喜欢给自己寻找挑战的杰出人物。

他曾任圣路易斯红衣队、布鲁克林道奇队以及匹兹堡海盗队的教练，并率领这3支球队取得了不凡的成绩。在庆祝他的棒球生涯50周年晚会上，一名记者这样问他："在美国的重要运动之一的棒球界驰骋了半个世纪，你的最大收获是什么？"面对这个问题，里奇皱起眉头回答道："我不知道，因为我还没有退休！我还在继续！"

虽然已经成绩不凡，但他绝不以已经取得的成绩作为终点，他的语气告诉我们，只要生命不止，他将不断向新的目标挑战。能够不断挑战自己的人，将会取得更伟大的成就。

定期自我更新

自我更新就是要认识到自己的不足，或者说是为了适应某种环境，改善自己的一种方式，或者是在自己的长处上的一个更高层次的进化。任何事物都要不断地自我完善、自我更新，才能更好地适应社会的发展。

身为华人首富的李嘉诚，一直是企业家学习的榜样，而李嘉诚本人本就是一个爱学习、善于更新自我的优秀企业家。李嘉诚青年时基本没受过正式教育，尤其是英语，连 26 个英文字母都没学全，可是他深知在香港做生意，不学好英语，永远没有出息。经过极为刻苦的学习，他的英语水平甚至比普通的大学生还要高。50 年代他做塑胶花生意时，订阅了好几种全世界最新的塑胶杂志，以便能够掌握最新形势。在外国杂志中，他留意到一部制造塑胶樽的机器，但从外国订制太贵了，于是他凭着自学的英文研制了这部机器，这成为他早年非常得意的事情之一。他又靠着自己当时还很不流利的英文，和外国人做生意，打开了国际市场。短短几年的时间，他就成了享誉东南亚的“塑胶大王”了。此后，他不断挑战自我，永不放弃学习，在每个时代，都能成为引领风潮的杰出人物。60 年代，地产低潮，李嘉诚大举入市，从塑胶大王变为地产大王。70 年代，他的公司上市，成为资本市场纵横捭阖的王者。在新经济时代，他又一举进入电信和网络行业。1999 年，他以 140 亿美元的价格卖掉英国 Orange 电信公司，然后大举进入欧洲的 3G 业务。他旗下的 Tom 公司，以网络为核心，整合传媒产业，建立庞大的传媒帝国。他以 70 岁的高龄，仍然坚持学习，当别人向他请教如何决策时，他说：“你自己应该知识面广，同时一定要虚心，多听专家的意见。自己作为一家公司的最后决策者，一定要对行业有相当深的了解，不然的话，你的判断力一定会出错。”

从一个街头推销员到今天举足轻重的商业领袖，李嘉诚自我更新的精神值得我们每个人效法。

要做到自我更新，就要及时抛开不合时宜的旧经验、旧想法。

拿破仑一生中令人叹服的一大战绩，就是成功地跨越了高峻的阿尔卑斯山，以出奇制胜的方式把奥地利军队打得落花流水，使之顷刻间土崩瓦解。当时人们都认为，阿尔卑斯山是“天险”，没有一支军队可以翻越。但拿破仑心中早拟好了翻越的具体方案，据此对士兵加以训练，因此他率领军队成功地越过了天险。当位于阿尔卑斯山另一边的奥地利军队，发现数万法军正逼近首都时，都以为这支军队是“天降神兵”！当奥军准备调兵迎战时，却为时已晚。

拿破仑善于出奇制胜，赢得了无数次的大小胜利。而导致他最终垮台的原因，正是因为他曾经赢得了太多的战争。赢的次数多了，人就会自满，并且会用以前的经验来应对新的战争。可是事实证明，经验并不足以应对纷繁复杂的新情况，将经验套用在新形势上，无异于缚住了自己的手脚，等于作茧自缚，自毁前程。

社会在不停地发展与进步，若是不想被新时代淘汰，就一定要定期学习新知识，进行自我更新。人只有在不断自我更新的状态下才能够永葆生命的活力。既然生命不息，那就应该不断进取，超越自我。

终身学习是成功的持续保障

有人说，学习力，是最可贵的生命力。当代社会科技发展日新月异，知识总量的翻番周期愈来愈短，从过去的100年、50年、20年缩短到5年、3年。科学家预言：人类现有知识到21世纪末只占那时知识总量的5%，其余95%现在还未被创造出来。这表明，“一次性学习时代”已告终结，我们要活到老学到老，才能跟上时代的脚步。另外，大脑非常发达，个体的脑细胞总量已超过150亿个，而一个人穷其一生只能用其百分之几。人脑的巨大容量为个体可能吸收、消化、储存数以亿计的信息、知识量开辟了广阔的前景。关键是要提高自己的学习能力，并贯彻终生，真正做到“生命不息，学习不止”，永葆可贵的生命活力。

面对信息爆炸的时代坚持不懈地学习，成为现代人生存和发展的必然方式和最佳方式。只有学习才能让我们掌握生存的技能，才能让我们体味人生的意义。

《荀子·劝学》开篇明义：“学不可以已。”我们赖以生存的知识、技能和车子、房子一样，会随着岁月的流逝不断折旧，因此我们必须不断学习新知识，提升自己的价值，增加自己的竞争优势，并在工作当中学到新的技能，否则将无法保持现有的优势，更别提发展。

“活到老，学到老”不是一句夸夸其谈的话，它是一种智慧。不断学习的人才会保持自己头脑的灵活，才能保证自己的思想向前不断地跨越。因此，年轻人要养成不断学习的习惯，保持这种习惯会帮助你走向精英人群的行列。系山英太郎的经历为我们做了很好的榜样。

系山英太郎，一位在日本政商界呼风唤雨的显赫人物，30岁即拥有了几十亿美元的资产，32岁成为日本历史上最年轻的参议员。2004

年《福布斯》杂志全球富豪排行榜上显示，系山英太郎个人净资产49亿美元，排行第86位。他的赚钱秘诀何在？系山英太郎回答道："善于学习是制胜的法宝。"系山英太郎一直信奉"终身学习"的信念，碰到不懂的事情总是拼命去寻求解答。通过推销外国汽车，他领悟到销售的技巧；通过研究金融知识，他懂得如何利用银行和股市让大量的金钱流入自己的腰包……即使后来年龄渐长，系山英太郎仍不甘心被时代淘汰。他开始学习电脑，不久就成立了自己的网络公司，发表他个人对时事问题的看法。即使已进入老迈之年，系山英太郎依然勇于挑战新的事物，热心了解未知的领域。

正是凭借终身学习，系山英太郎让自己始终站在时代的潮头之上。

林语堂先生曾经说过："若非一鸣惊天下的英才，都得靠窗前灯下数十年的玩摩思索，然后可以著述。"每个人并非天生就是奇才，一个人所知道的东西比起整个宇宙来，实在是少得可怜，这一切只有通过学习来弥补。剧变时代信息瞬息万变，盛衰可能只在朝夕。只有不断学习、善于学习的人，才能不断获得新信息、新机遇，才能够在第一时间获得创意的养分，才能够把自己的灵魂培育得与众不同。

读一本好书，你会明白许久以来未能想通的道理；和同事的一次探讨，你会发现很多你没想到的地方；与对手的一次较量，你会更清楚地认识到自己的不足之处；看一则报道，你会捕捉到当今社会的最新动态；一次外出旅行，你会发现自己以前就像一只井底之蛙……只要你愿意，你可以随时随地地让自己学习。学习永远是现在进行时，它永不停歇也永无止境。

所以，如果你想事业有成，如果你想使自己的人生富有意义，那么就从现在开始，将终身学习作为你一生的护照吧！

时刻准备着获取新的信息

现代社会是一个信息时代，谁占有了信息，就等于找到了成功的方法。因此，高效地搜集和消化信息就成了一个优秀的人必不可少的能力。在这样一个时代，当感到自己在生活中缺乏信息时，优秀的人会主动地去搜集资讯信息。而平庸的人会抱怨“为什么别人的资讯都能很好地流通，我却得不到应有的信息支持”。因为平庸的人不去主动搜集信息，而是坐在那里被动地等待别人来提供信息给自己。

日本“经营之神”松下幸之助年轻时曾经在一家电器商店当学徒。同时在这家店里帮工的还有另外两个学徒，他们都是同时进入这家商店的。开始时，三人薪水很低，另两个学徒时常发牢骚和抱怨，对工作日渐马虎起来。

松下以前从来没有做过电器方面的事情，这次到这家电器商店工作，面对那么多的电子产品，他明白了自己知之甚少。他每天都比别人晚下班，用这些时间阅读各种电子产品的说明书；其他两个同事外出休闲的时候，他参加了电器修理培训班。他花了大量的时间学习电器知识，因为他决心用学习让自己成为这方面的行家。此时，他的两个同事却因为这些而嘲笑他，但这一切都无法阻止他继续学习。

终于，通过不断努力，松下从一个对电器一窍不通的学徒变成了一个能够给顾客清楚明了地讲解电器知识的专家，并且还可以自己动手修理与设计电器。这一切努力都没有白费，店主将这一切都看在眼里，对松下的这种学习精神非常赏识，不久便将他由普通学员升为正式店员，并且将店里的很多事情都交给他处理。这为松下以后的创业打下了坚实的基础。与之相反，他的两个同事最后因为一直没有能力上的进步，被解雇了。

相比另外两个同事牢骚抱怨，好高骛远，日后被开除，松下静下心来研究电工知识，一步一个脚印、踏踏实实地在工作中随时获取新的信息，为他赢得了职位的提升，也为他以后的职业发展之路夯实了基础。

在信息社会，每一个人都在扮演着两个基本角色，即信息传递者和信息接收者。信息就像人们讲“吃过了吗”“吃过了”之类的寒暄话一样自然而平常。但在这“自然而平常”之中，有着许许多多的道理和学问，关键就是看你能否捕捉和善用信息。优秀的人要像盛田昭夫那样，时刻保持对信息的敏感，养成高效搜集消化信息的好习惯，只有这样才能时刻领先别人一步获得成功。

那么，我们应当从哪些方面着手培养这些好习惯呢？

1. 主动去关心信息

主动去“关心”信息是搜集信息的好方法。例如，当看到街头上围了一大群人，你要走上前挤进去，才能看得见那里发生了什么事。当然，我们还要培养自己判断有价值信息的能力，这样，才能在浩如烟海的信息世界里抓住对自己有用的信息。

2. 建立个人信息网络

建立个人信息网络，可以使你想要哪一类资讯时，就能找到提供这类信息的人。怎样来建立你的信息网呢？可以先以你的朋友、校友、同事、上各类培训班时认识的学员、业界认识的朋友为基础，逐渐扩大你的信息网络。若善加利用，这个网将是你一生中最为宝贵的财富之一。

3. 要善于“套”情报

就对信息的保密程度来看，人不外乎两类：缄默型和主动传播型。对于前者，你要想从他那里“套”出话来。不能开门见山，而要旁敲侧击。对后者，不用你去问，他会主动告诉你。你只要很有兴趣地听他讲完，绝不能敷衍。

4. 不要随便传播所得情报

别人告诉你内部参考、内幕消息和独家机密，是对你的信任，而且他们不希望你向外传扬。如果告知你消息的人，知道你泄露了消息，就不会再告诉你什么了。

5. 你也要适当透露情报给别人

光从别人那里得到信息情报，你不给别人透露一些他想要的资讯，这样的关系是不能长久的。你必须提供令对方满意的情报，别人才会给你需要的信息。

第十章

创造非凡的财富资本

没有穷困的世界，只有贫瘠的心灵

这个世界上从来不缺少任何致富的机会。穷人之所以贫穷，不是因为所有的财富都瓜分完毕，而是因为他们那贫瘠的心灵荒原上长满了杂草，没有关于致富灵感的曼妙花朵。

是否善于思考是穷人和富人的差别之一，穷人往往一生都在等待财富与机遇的垂青，而富人之所以能够致富，就在于他们终生都在孜孜不倦地思索如何致富。

缔造“芭比娃娃”王国的女皇露丝·汉德勒就是一个靠思索致富的人。

1942 年，踌躇满志的汉德勒夫妇在一间车库里创办了他们的公司。最初他们公司的产品是木制画框，埃利奥特研制样品，露丝负责销售。当时，露丝已经有了一个女儿，作为一位母亲和一个玩具商人，她十分重视孩子们的想法。一天，她突然看见女儿芭芭拉正在和一个小男孩玩剪纸娃娃。这些剪纸娃娃不是当时常见的那种婴儿宝宝，而是一个个少男少女，有各自的职业和身份，让女儿非常沉迷。“为什么不做个成熟一些的玩具娃娃呢?”这让露丝看到了商机，经过无数的努力，芭比娃娃就此诞生了！而专门生产芭比娃娃的美泰公司也就此成立了。

露丝，总是能从平常的生活中发现特别的商机。1970 年，露丝被诊断患有乳腺癌，并接受了乳房切除手术。同时，美泰公司的新主管开始将公司产品多元化，不再把生产玩具作为重心，这一政策最终导致露丝和她的丈夫被迫远离他们当初创建的公司业务。1975 年，露丝辞去了总裁职务，离开了自己和丈夫创立的公司。

这一连串的不幸没有击垮露丝，眼光独到的她竟然从自己的病中获得了新的灵感。她为自己做了一个逼真的假乳房，取名为“真我风采”，并由此开始了她的第二次创业。1976年露丝成立了一家新公司，不是生产玩具，而是生产人造乳房。她的目标是使人造乳房非常真实，让“一个女人可以戴一般的胸罩和宽松的上衣挺胸走在路上，而且非常骄傲”。

正如“芭比”在一开始受到的冷遇，在那个时代，乳房病症仍然属于一个难以启齿的话题，露丝受到了来自各个方面的嘲笑和讥讽，即使是女人对她也不理解。露丝坚持了下来，顽强地面对种种阻碍。到了1980年，露丝公司人造乳房的销售额已经超过了100万美元。她又一次获得了非凡的成功。

类似露丝·汉德勒这样运用预见性创富的实例，在商界不胜枚举。然而，他们能够致富所依靠的难道仅仅是所谓的“机遇”吗？事实上，这样的机遇平等地摆在每一个人面前，但并不是所有人都有能力抓住，因为他们从没有进行认真的思考。

美国成功学大师拿破仑·希尔博士依赖自己所创的“心理创富学”而拥有亿万资产，他曾指出：“人的心灵能够构思到，而又确信的，就可以成为财富。”他依据这种想法提出了心灵创造财富的公式：财富=想象力+信念。在这个公式中，思考是我们无法忽视的重要一环，因为它将整个公式完美地串联了起来。

生命固有的内在动力，总是驱使自身不断追求更加丰富多彩的生活。智慧的天性就是寻求自我的扩张，内在的意识总会寻求充分展示的机会。对于一个有智慧而又渴望财富的人来说，用思考的力量获取财富无疑是一件充满乐趣的事情。

大自然正是为生命的进化而形成，亦为生命的丰富多彩而存在。因此，大自然中蕴藏着生命所需的充足资源。我们相信，自然界的真谛不可能自相矛盾，自然界也不可能使自己已显现的规律失效。因此，我们更有理由相信，宇宙中资源的供应永远不会短缺。

记住这个事实：没有穷困的世界，只有贫瘠的心灵。谁也不会因大自然的供应短缺而受穷，那些穷人的窘迫并非完全是外界造就，更多是源自自己内心的贫瘠。其实，每个人都拥有一把打开财富之门的钥匙，只要你肯努力地去寻找，就会获得你想要的财富。

富裕在世袭，贫穷也在世袭

留意生活的人可能会发现这样一个有趣的现象，大多数富人的后代会越来越富有，而大多数穷人的后代也一直沿袭着家族的贫穷。其实，这都是教育和思维形成的结果。

著名的石油大王洛克菲勒从小就接受了财富的教育。

洛克菲勒出生于一个典型的犹太家庭。他的父亲经常用犹太人的教育方式教育几个孩子。他四五岁的时候，就通过帮助妈妈提水、拿咖啡杯，赚得一些零花钱。他们还把各种劳动都标上了价格：打扫10平方米的室内卫生可以得到0.5美分，打扫10平方米的室外卫生可以得到1美分，给父母做早餐得到12美分。再大一点的时候，父亲告诉他如果想花钱，就自己挣！

后来他到了父亲的农场帮父亲干活，帮父亲挤一头奶牛，跑运输，包括拿牛奶桶。他把自己给父亲干的活都记录在自己的记账本上，到了一定的时候，就和父亲结算。每到这个时候，父子两个就对账本上的每一个工作任务开始讨价还价，他们经常会为一项细微的工作而争吵。

洛克菲勒6岁的时候，他看到有一只火鸡在不停地走动，也没有人来找。于是他捉住了那只火鸡，把它卖给了附近的邻居。他的母亲是一位虔诚的教徒，认为这样是亵渎了神灵，而他父亲认为他有做商人的独特本领，对他大加赞赏。

有了这次的经商经历，洛克菲勒的胆子大了起来，不久他就把从父亲那里赚来的50美元贷给了附近的农民，他们说好利息和归还的日期之后，到了时间他就毫不含糊地收回53.75美元的本息。这令当地的农民觉得不可思议：这样的一个小孩居然有这么好的商业意识。

到了洛克菲勒成名之后，他还把这套办法交给他的子女。在他的家里，他搞了一套完整的虚拟的市场经济。洛克菲勒让自己的妻子做“总经理”，而让自己的孩子们做家务，由自己的妻子根据每个孩子做家务的情况，给他们零花钱。他的整个家似乎就是一个公司。

洛克菲勒的父亲对他的教育，让他尽早培养了积极的金钱观，洛克菲勒富有之后，也继续对子女进行财富教育。而穷人之所以沿袭了自己的贫穷，是因为穷人既不会思考别人为什么能变成富人，也不会去思考自己为什么会是一个穷人。他们往往觉得大家都是穷人，所以我也就是穷人；因为环境让我受穷，我没办法不穷；因为我自己的力量太小，所以我没有能力改变。

恰克是一名有着成功的事业和辉煌人生的企业家。

有一天他家的园艺师傅对他说：“社长先生，我看您的事业越做越大，而我却像树上的蝉，一生都坐在树干上，太没出息了。您教我一点创业的秘诀吧？”

恰克点点头说：“行！我看你比较适合园艺工作。这样吧，在我的工厂旁有7 万平方米空地，我们合作种树苗吧！1 棵树苗多少钱能买到呢？”

“4 美元。”

恰克又说：“好！扣除走道，2 万平方米大约种 2 万棵，树苗的成本大概是 10 万美元。3 年后，1 棵可卖多少钱呢？”

“大约 30 美元。”

“10 万美元的树苗成本与肥料费由我支付，以后 3 年，你负责除草和施肥工作。3 年后，我们就可以收入 50 多万美元的利润。到时候我们每人一半。”

听到这里，园艺师傅却慌忙拒绝说：“哇！我可不敢做那么大的生意！”

最后，他还是在恰克家中栽种树苗，按月领取工资，始终没有脱离穷人的行列。

园艺师傅的思维就是典型的穷人思维。他也想致富，但一听说要涉及那么多钱，他可能考虑到风险，考虑到未来的辛苦，考虑到自己将遇到的困难，考虑到……他就放弃了行动，最后只能以“我可不敢做那么大的生意”来终结自己，继续过按月领取工资的生活。

为什么有些人总是贫穷依旧？大部分人认为穷人最缺少的是机会；还有一部分人认为，穷人缺少的是技能。其实这些都不是最主要的原因，穷人之所以穷，在于他们被自己的低财商困住了。而这样的低财商，反映在他们的思维和行动中。若是想不把自己的贫穷世袭下去，那么，穷人一定要打破自己的固定思维，并且及早对自己的后代进行金钱教育。

每个人都有成为富人的机会

100个富翁，会有100个发家故事、100种创富经历、100条致富之路。如果你向身边的人请教到底该如何致富，那么100个人可能会有100个答案：排队买彩票的人会告诉你致富完全靠运气；银行职员会告诉你致富全靠储蓄；保险代理人会告诉你致富全靠保险；你的老师会告诉你致富全靠教育基础；珠宝店的老板会对你说致富全靠投资珠宝；期货市场的炒家会告诉你致富全靠期货买卖……

但是，你是否知道，世界上有一种致富法则可以让所有人成为富翁?

现在，你可能是世界上最潦倒的人：你没有任何家族背景，甚至没有储蓄超过万元的朋友，你没有任何的资源可以利用，没有任何影响力，甚至债台高筑、居无定所。如果它告诉你这样穷困的你也能成为百万富翁乃至世界首富，恐怕你不肯相信。但是请相信它的观点，无论你现在什么样子，就像有因就会有果一样，只要你开始按“既定的法则”做事，你就一定会逐渐富裕起来。

世间万物，包括我们已经获得的和将要获得的财富，都源自一刻不停地按照规律运行的宇宙能量。宇宙有规律地运行创造了世界上所有的物质奇迹，而人类的思想是影响宇宙能量创造财富的唯一动力。所以，人的主观参与能够加大宇宙能量运行的活跃性和丰富性。

当人的思维运动与双手的创造结合在一起时，人就能从思想的动物转变为具有行动力的机器。人的想法在大脑中构思成熟，然后借助双手的力量和自然的资源转变为物质的现实。这个过程便是人类参与、影响宇宙能量运行的过程，也是创造财富的过程。

所以，不要囿于对地球上已经存在的事物的修修补补，而是要激发自己更多的创造力，将自己具有创造性的思想传递给宇宙，与宇宙能量一起合作，才能丰富宇宙的财富，充实自己的财富。这便是可以让任何人致富的既定法则。

那些成功的人，一定是经受住了既定法则的考验，但有些人偏偏将他人的成功与自己的失败都归因于所谓的命运。美国银行大王摩根却相信，所谓的命运都是骗人的。

有人说，摩根的手掌上有条成功线，所以他才能够成为“银行界的巨子”。但摩根先生从不相信这样的鬼话。

他说：“我在这10多年间，细细观察过自己的亲戚、朋友和职员的手掌，有这根成功线的，不下2000多人，但他们最后的境遇大部分都不太好。假如说，有成功线的人都可以获得成功的话，为什么这2000多人又是个例外呢？根据我的观察，在这2000多个有成功线而不能获得成功的人中，有500多个人是懒汉，他们懒惰得什么事也不肯动手。其中至少有300多人是傻子，连ABC也读不出正确的读音来！至少有600多人想奋发图强，做一点大事，但因为他们的人事关系处理得不好；他们本身根本没有学过什么专业的技能；他们刚在这项事业开了头之后受了一点点挫折，中途就放弃了，这样，他们的事业便失败了，而一生也只能在失败中度过！总之，手掌上有成功线的人未必会获得成功。其根源在于他们本身的缺陷，而并不是什么命运的主宰！”

虽然每个人天生都拥有成为富人的机会，但若你不能遵照既定法则行事，不能够走上一条正确的创业道路，那么，你便会被这条可以让任何人致富的法则所抛弃。

即使你的手中没有那样一条成功线，但是没有资金的你一样能获得资金；入错了行的你一样能找到合适的行业；待错地方的你一样能找到合适的地方。从你现在从事的工作做起，从你现在所处的地方做起，按照能够让你成功的“既定法则”做事，你便能一步步靠近生命的奇迹。

像富人一样去思考

当人越来越成熟，思维也开始越来越局限。有的人把这种现象归结为自我的成熟，以为自己到了“不惑”的程度，开始懂得什么可以做，什么不可以做。把事情的考虑往往只放在一个点上，得出的都是众所周知的结论。

这个社会中，人们出生时都是一样的赤条条而来，有的人在有限的生命中创造了精彩，有的人却一辈子碌碌无为，无奈地过完一生。就像穷人和富人，同样的普通人，却在未来的若干年中分成两个极端。有研究表明，富人和穷人的差距就在于思维的差距。

其实一般人都有着差不多的智力和能力，甚至受机会青睐的概率也是一样的，但贫富差异还是存在的，其原因就在于个人的思维方式。在穷人的思维中投资是有风险的、是一条不可跨越的路，那么要想富裕就注定不可能实现，当遭遇到否定时，他们往往选择放弃。而富人呢，思维恰恰相反，在他们看来商机无处不在，生意到处都是，他们总是在不断地尝试，当有新的想法出现时他们就会不断地付诸实践，更是有意识地注意生活中的细节，不放过每个细微的念头，被否定时，就会积极地寻找另一个方式，而不是因为被否定而放弃思考。因此，我们发现有的人越来越富，而有的人只能原地踏步。

企业家卡尔森原是一个身无分文的穷光蛋，但他从没对自己有一天能成为富翁产生过怀疑。有一次，卡尔森发现了一个商机。于是他借钱办了一个制造玩具沙漏的厂。沙漏是一种古董玩具，它在时钟未发明前用来测每日的时辰；时钟问世后，沙漏已完成它的历史使命，卡尔森却把它作为一种古董来生产销售。

本来，沙漏作为玩具，趣味性不多，孩子们自然不大喜欢它，因此销量很小。但卡尔森一时找不到其他比较适合的工作，只能继续干他的老本行。沙漏的需求量越来越少，卡尔森最后只得停产。于是他决定先好好休息，轻松一下，他便每天都找些娱乐项目，看看棒球赛，读读书，听听音乐，或者领着妻子、孩子外出旅游，但他的头脑一刻也没有停止思考。

机会终于来了，一天，卡尔森翻看一本讲赛马的书，书上说："马匹在现代社会里失去了它运输的功能，但是又以高娱乐价值的面目出现。"在这不引人注目的两行字里，卡尔森好像听到了上帝的声音，高兴地跳了起来。他想："赛马骑用的马匹比运货的马匹值钱。是啊！我应该找出沙漏的新用途！"就这样，从书中偶得的灵感，使卡尔森精神重新振奋起来，把心思又全都放到沙漏上。经过几天苦苦的思索，一个构思浮现在他的脑海：做个限时3分钟的沙漏，在3分钟内，沙漏里的沙子就会完全落到下面来，把它装在电话机旁，这样打长途电话时就不会超过3分钟，就可以有效地控制电话费了。

想好了后，他就开始动手制作。这个东西设计上非常简单，把沙漏的两端嵌上一个精致的小木板，再接上一条铜链，然后用螺丝钉钉在电话机旁就行了。不打电话时还可以做装饰品，看它点点滴滴落下来，虽是微不足道的小玩意儿，却能调剂一下现代人紧张的生活。担心电话费支出的人很多，卡尔森的新沙漏可以有效地控制通话时间，售价又非常便宜。因此一上市，销量就很不错，平均每个月能售出3万个。这项创新使原本没有前途的沙漏转瞬间成为对生活有益的用品，销量成倍地增加，面临倒闭的小厂很快变成一个大企业。卡尔森也从一个即将破产的小业主摇身一变，成了腰缠万贯的富豪。

卡尔森的成功绝不是偶然，他没有让自己因为一个想法失败而放弃自己的追求，在他的心里对自己的成功充满了希望。于是他不断地思索，并不因为眼前看似无果无望的现实而放弃思考，他在自己心里种下了梦想的种子，让自己的思维做肥料，多姿多彩的思维模式，让梦想有了生根发芽的空间，最后开出来绚烂的花朵，结出了甘甜的果实。

没有谁是天生的富人，也没有谁是天生的成功者，所有的成功必有过人之处，其实那些过人之处是我们每个人所拥有的：永远有一个开放的多姿多彩的思维方式。

无论你现在处在哪种阶段，不要限制自己的胡思乱想。刻意地遏制，其实就是让自己和成功越来越远的原因。

要记得每一个让自己进步的思维，也要记得每一个让自己尝试的角度，这样你才是自己人生的设计者，你才是掌握着自己人生的主宰者。

培养前瞻性眼光

在这样一个充满机遇和挑战的时代，如果一个人善于分析形势，以前瞻性的眼光认识市场形势，提升自我超前思维能力和战略想象力，那么，他一定能够先人一步嗅到财富的味道。

“二战”期间，美国有一家规模不大的缝纫机厂，生意萧条，眼看就要破产了。老板杰克看到战时百业凋零，只有军火生意是个热门，自己却与它无缘。于是，他把目光转向未来市场，他告诉儿子，缝纫机厂需要转产改行。儿子问他：“改成什么？”杰克说：“改成生产残废人用的小轮椅。”

儿子当时大惑不解，不过还是遵照父亲的意思办了。经过一番设备改造后，一批批小轮椅面世了。许多在战争中受伤致残的士兵和平民，纷纷来购买小轮椅。该产品在本国畅销，在国外也大大扩展了市场。杰克的儿子看到工厂生产规模不断扩大，财源滚滚，在满心欢喜之余，不禁又向其父请教：“战争即将结束，小轮椅如果继续大量生产，需要量可能已经不多。未来的几十年里，市场又会有什么需要呢？”老杰克成竹在胸，反问儿子：“战争结束了，人们的想法是什么呢？”“人们对战争已经厌恶透了，希望战后能过上安定美好的生活。”

杰克进一步指点儿子：“那么，美好的生活靠什么呢？要靠健康的身体。将来人们会把健康的身体作为重要的追求目标。所以，我们要为生产健身器做好准备。”

于是，生产小轮椅的机械流水线，又被改造为生产健身器。最初几年，销售情况并不太好。这时老杰克已经去世，但是他的儿子坚信父亲的预测，仍然继续生产健身器。结果就在战后十多年左右，健身器开始走俏，不久便成为热门货。当时杰克健身器在美国只此一家，独领风骚。老杰克之子根据市场需求，不断增加产品的品种和产量，扩大企业规模，终于使杰克家族迈进亿万富翁的行列。

故事中的这对父子，正是拥有了前瞻性眼光，成功跻身亿万富翁的行列，那么，什么是前瞻性眼光呢？

马克思说：“蜘蛛的活动与织工的活动相似，但是最蹩脚的建筑师从一开始就比最灵巧的蜜蜂高明的地方在于，他在用蜂蜡建筑蜂房以前，已经在自己头脑中把它建成了。”这是对前瞻性眼光的形象化解释。前瞻性眼光是一种面向未来的眼光，是人对事物发展的趋势或未来进行的推断和估计，是对未来的一种瞻望和预测。

“石油大王”洛克菲勒创业初期对石油行业的判断和操作，也充分体现了其卓越的前瞻性眼光。

在美国宾州，当时石油开采只有一年多，而且用途并不广泛，但洛克菲勒已十分敏锐地意识到，石油的生产与发展将有远大的前景，于是21岁的他来到了宾州，考察研究石油行业的发展行情。

洛克菲勒并不盲目蛮干，他几次去产油区实地勘察，密切注视石油的涨落行情。最后，他认为此时介入石油行业为时尚早。洛克菲勒准确预测到油市的行情，虽然油市不再暴跌，但由于供过于求，只要稍微回升就要再跌，正如他所分析的那样：石油的需求还很有限，受往外运输条件的限制，这样盲目乐观、不加限度地开采必定会带来生产的严重过剩。所以应该找准机会再动手，那样才会赚大钱。

南北战争爆发后，石油行情继续暴跌，但洛克菲勒不为所动。南北战争结束后，洛克菲勒了解到产油地正计划修筑铁路，他觉得时机到了，便立即找人合作。随后，洛克菲勒与他的合作伙伴安德鲁斯成立了“洛克菲勒—安德鲁斯公司”，不久，就成为这个行业的佼佼者。此时，洛克菲勒刚满26岁。

洛克菲勒很早就预见到石油行业的发展前景，但他并不急于出手，而是冷静地等待机会。洛克菲勒具备领导者、决策者所需要的最重要的能力。即善于观察和分析形势，拥有超出常人视野的战略眼光、谨慎的决策计划和强烈的冒险精神。他的思维方法非常特别，总是能从整体出发，系统思考。他那闪烁着智慧之光的前瞻性眼光是任何一个追求财富者学习的楷模。

让金钱流动起来

《圣经》上有这样一则故事：

一个大地主有一天将他的财产托付给3位仆人保管与运用。他给了第一位仆人5个单位的金钱，第二位仆人2个单位的金钱，第三个仆人一个单位的金钱。地主告诉他们，要好好珍惜并善加管理自己的财富，等到一年后再看看他们是如何处理钱财。

第一个仆人拿到这笔钱之后做了各种投资；第二位仆人则买下原料，制造商品出售；第三位仆人为了安全起见，将他的钱埋在树下。一年后，地主召回3位仆人检视成果，第一位及第二位仆人所管理的财富皆增加了一倍，地主甚感欣慰。唯有第三位仆人的金钱丝毫未增加，他向主人解释说："唯恐运用失当而遭到损失，所以将钱存在安全的地方，今天将它原封不动奉还。"

主人听了大怒，并骂道："你这个懒惰的仆人，竟不好好利用你的财富。"

财富不善利用等于浪费金钱，浪费了天赋资源。《圣经》故事内的第三位仆人受到责备，不是由于他乱用金钱，也不是因为投资失败遭受损失，而是因为他把钱存在安全的地方，根本没有好好利用金钱。

一个人的财富，必须完全靠自己聚沙成塔、积少成多，一点一滴地累积下来。试想一个人一年存50万元，需要多少年才能成为亿万富翁？答案是200年！

一个人一年储蓄50万元很难，一个人要活到200岁那就更难了！因此，假如尽心尽力地开源节流，将钱全部存在银行，我们可以预见，这个人一辈子别想成为有钱人，更糟糕的是，他连下辈子都没有希望致富。一个人平均寿命是75岁，两辈子也只不过是150年，钱都存银行的人要到第三辈子才有机会致富。

一位成功的企业家曾对资金做过生动的比喻："资金对于企业如同血液与人体，血液循环欠佳导致人体机理失调，资金运转不灵造成经营不善。如何保持充分的资金并灵活运用，是经营者不能不注意的事。"这话既显示出这位企业家的高财商，又说明了资金运动加速创富的深刻道理。

财富的积累需要储蓄，但如果一直储蓄，不思投资，那么活钱就会变成死钱。你虽然不会为没钱的生活而忧虑，但你也永远不可能成为亿万富翁，因为钱就像水一样，只有流动起来，才能创造出更多的价值。

犹太富商凯尔拥有上亿美元的资产，他却很少把钱存进银行，而是将大部分现金放在自己的保险库中。

一次，一位在银行有几百万存款的日本商人向他请教这一令他疑惑不解的问题。

"凯尔先生，对我来说，如果没有储蓄，生活等于失去了保障。你有那么多钱，却不存进银行，为什么呢？"

"储蓄是生活上的安全保障，储蓄的钱越多，则在心理上的安全保障程度越高，如此积累下去，永远没有满足的一天。这样，岂不是把有用的钱全部闲置起来，使自己赚大钱的机会减少了，并且自己的经商才能也无从发挥了吗？你再想想，有哪一个人能凭着省吃俭用一辈子，光靠利息而成为世界上知名富翁的？"凯尔不慌不忙地答道。

日本商人虽然无法反驳，但心里总觉得有点儿不服气，便反问道："你的意思是反对储蓄了？"

"当然不是彻头彻尾地反对。"凯尔解释道，"我反对的是，把储蓄当成嗜好，而忘记了等钱储蓄到一定时候把它提出来，再活用这些钱，使它能赚到远比银行利息多得多的钱。我还反对银行里的钱越存越多时，便靠利息来补贴生活费。这就养成了依赖性而失去了商人必有的冒险精神。"

凯尔的话很有道理，有很多人认为只有把金钱存放在银行里，就已经尽到了理财的责任。事实上，利息在通货膨胀的影响下，实质报酬率几乎接近于零，这也就意味着钱存在银行里等于是没有理财。

对待金钱，犹太人始终持有一种观念，那就是“钱是在流动中赚出来的，而不是靠克扣自己攒下来的”，因此他们崇尚的是“钱生钱”，而不是“人省钱”。18 世纪中期以前，犹太人热衷于放贷业务，就是把自己的钱放贷出去，从中赚取高利，到了 19 世纪，甚至直到现在，犹太人也宁愿把自己的钱用于高回报率的投资或买卖，也不肯把钱存入银行。

犹太人的这种理财观念是完全正确的，因为从经济学的角度来看，资金只有进入流通领域，才能发挥其真正的价值，而躺在银行里的钱，不仅不可能增值，而且还失去了存在的价值。

45 岁的王刚移居去了美国。大凡去美国的人，都想早一点拿到绿卡。他到美国后 3 个月，就去移民局申请绿卡。一位比他早到美国的朋友好心地提醒他：“你要有耐心等。我申请都快一年了，还没有批下来。”他笑笑说：“不需要那么久，3 个月就可以了。”朋友用疑惑的目光看着他，以为他在开玩笑。

3 个月后，他去移民局，果然获得批准，填表盖章，很快，邮差就给他送去了绿卡。

他的朋友知道后，十分不解：“你的年龄比我大，申请比我晚，钱没有我多，凭什么比我先拿到绿卡？”他微微一笑，说：“因为钱。”

“你来美国带了多少钱？”

“10 万美元。”

“可是我带了 100 万美元，为什么不给我批反而给你批呢？”

“我的 10 万美元，在我到美国的 3 个月内，一部分用于消费，一部分用于投资，一直在使用和流动。这个，在我交给移民局的税单上已经显示出来了。而你的 100 万美元，一直放在银行里，没有消费变化，所以他们不批准你的申请。”

人的生命在于运动，资金的生命也在于运动。作为金钱可以是静止的，而资金必须是运动的，这是市场经济的一般规律。资金在市场经济的舞台上害怕孤独，不堪寂寞，需要明快的节奏和丰富多彩的生活。因此，你应该在金钱的滚动中，在资本的运动中，发挥你的才智，开启你的财商，使自己最终成为一个成功的富商。

第十一章

把握机会创造成功资本

幸运是精心准备的结果

拿破仑·希尔说："一个善于做准备的人，是离成功最近的人。"准备是一个人人生成功的最大保障，如果你不去为你的成功做充分的准备，那你就绝不会取得成功，因为成功绝不会怜悯没有准备的人。很多时候，准备和失败是成反比的，你越轻视准备，失败就会越重视你。

在一战定胜负的比赛中，偶然性确实占了很大的比重。这个时候，比的并不是谁的实力最强，而是谁犯的错误最少。只有真正地重视准备，扎实地把准备工作都做到位，才能从根本上保证你不犯或少犯错误。足球教练莫里尼奥也清楚地看到了这一点。

在他担任葡萄牙球队波尔图的主教练，率领球队征战欧洲冠军联赛时，几乎没有人相信他们能杀入决赛，更别提夺取冠军了。但结果使所有人都大跌眼镜，这个从队员到主教练都无人知晓的俱乐部，竟然得到了欧洲足球的最高荣誉。

确实，波尔图的队员们和皇马、米兰等大牌球队的球星相比，无论从名气上还是实力上都相差悬殊；当时的莫里尼奥和里皮、弗格森相比也不可同日而语。但莫里尼奥有一个胜利的武器：对准备工作超乎寻常地重视。他几乎观看了所有对手最近的每一场比赛。可以说，所有对手的技术特点、战术风格、最近的状态……他都了如指掌。甚至对比赛当天的天气、场地草皮的状况，他都进行了详细的了解并制定了相应的对策。结果在决赛当天，他使用的队员、阵形、战术打法都直指对方的软肋，就像他夺冠后所说的那样："如果大家知道我们为了取得胜利而研究了多少场比赛，准备了多少资料，筹划了多少方案，你们就会认为这个冠军我们当之无愧。"

功成名就的莫里尼奥在夺冠的第二年来到了英超球队切尔西，这里汇集了很多世界级的大牌球员。当莫里尼奥和这些队员们第一次见面的时候，他所做的第一件事是打开随身携带的笔记本电脑，开始如数家珍地介绍这些球员：从技术风格、进球数、身高体重甚至详细到哪些是左脚打进的，哪些是右脚打进的都了如指掌。莫里尼奥的这一举动一下子就镇住了这些球星。不过，这只是开始，他们更没有想到的是，主教练这种近乎完美的准备工作会使他们在后面的比赛中取得一个又一个的胜利。

莫里尼奥的成功脱离不了一个关键词，那就是准备。无论是对自己，还是对敌手，充分的准备都会让我们对事物有一个充分的认识，从而权衡出最利于自己的大局。

关键时刻要有决策力

如果一个人拥有超越于犹豫不决和变化不定之上的非凡意志力，那是十分幸运的事情。他鄙视所有的循规蹈矩，他嘲笑所有的反对和抨击；他深深感受到在内心涌动着的去希冀和去行动的力量，他相信自己是幸运星，他对自己拥有实现愿望的能力深信不疑；他知道，没有任何怯懦的拖延，没有任何怀疑的阴影，没有任何“如果”或“但是”之类的辩解，没有任何疑虑或恐惧，能够阻止他去尝试；他嘲笑那些充满恐吓意味的横眉冷对，以及代表着阻碍和反对力量的流言蜚语；他对此十分清楚：成为一个成功的人士应该做些什么，而且他敢于去做；他本身的性格要比他内心的本能冲动更强有力，他绝不会屈服于各种反对的声音；他既不会为巨大的压力所胁迫，也不会为宠爱或欢呼声所收买。

曹操曾说：“夫英雄者，胸怀大志，腹有良谋，有包藏宇宙之机，吞吐天地之志也。”曹操的这番话，说的正是成大事者的果断决策能力。凡是从容果断的人，都在关键时刻敢于并善于拍板拿主意，具有超乎寻常的决策能力。

宝洁公司的创始人之一威廉·普罗克特，31 岁时来到辛辛那提寻找机会。他发现，在这个 25 万多人口的城市里，制造蜡烛的原料非常丰富，而高质量的蜡烛十分缺乏。他小时候曾经在英国的蜡烛作坊干活，懂得怎样制造高质量的蜡烛。于是他果断地决定办一个蜡烛工厂。他说服了自己的连襟——一家小肥皂厂的股东甘布尔，合伙办蜡烛工厂。甘布尔看到制造蜡烛的大好前景，而肥皂工厂在当时是经营惨淡的行业，甘布尔便毅然退出了肥皂厂。他们俩合伙办起的蜡烛厂就是现在的宝洁公司。

蜡烛使他们赚了一些钱。但是，当洗澡成为时尚，肥皂的需求量大增时，他们又将经营重心转向了肥皂，并以良好的信誉赢得了市场。当时，松香是制造肥皂的重要原料，只能从美国南方购买。南北战争爆发前，他们预见到松香的供应将会短缺，便大量购进松香储存在库房里，结果，当松香的价格上涨15倍，许多肥皂厂不得不停产时，宝洁公司仍然正常生产，渡过了难关。

准确的判断和果断的决策使宝洁公司始终领先于它所在行业的其他公司。在松香、猪油等原料开始匮乏的年代里，宝洁公司首先投入资金研究制造肥皂的新工艺，找到了更易得的原料和更经济的生产工艺，推出了比旧式肥皂更好、更廉价的产品——“象牙肥皂”。此后在科研、广告方面，他们总是捷足先登，维持着在清洁剂行业中的领先地位。

决策能力不应受情感波动、建议、批评以及表面现象的干扰。判断力是处理任何重要事件所必需的。

一份分析2500名经历失败的人的报告显示，迟疑不决、该出手时不出手几乎高居31种失败原因的榜首；而另一份分析数百名百万富翁的报告显示，这其中每一个人都有迅速下定决心的个性。而经常失败的人毫无例外，遇事迟疑不决、犹豫再三，就算是终于下了决心，也是推三阻四、拖泥带水，一点儿也不干脆利落，而且朝令夕改，一日数变。

1921年的一天，奥利莱在波兰街头闲逛，忽然想要写点东西，于是他信步走进一家文具商店，准备买一支钢笔。但是一问价格，令他大吃一惊，在英国同样一支钢笔只要3美分，在这里却卖到了26美分。奥利莱感到奇怪，一了解，这里卖的钢笔之所以这么昂贵，是因为这些钢笔都是由德国进口的，而且数量有限。从不轻易放过任何一个赚钱机会的奥利莱为自己的意外发现而惊喜，很快，他就对波兰的市场进行了一番详细、周密的调查，结果更是令他兴奋不已。导致钢笔价格昂贵的主要原因是数量少，在当时，全波兰只有一家钢笔生产厂，由于战争的影响，生产能力非常有限。奥利莱当即决定，在波兰投资办钢笔厂。他直接找到当时的人民委员拉可辛，诚恳地对他说：“您的政府已经制定了政策，要求每个公民都得学会读书和写字，没有钢笔怎么能行？我想获得生产钢笔的执照。”他说得合情合理，奥利莱的要求自然很快就得到了批复。

奥利莱立即开始筹划，他马上来到德国历史最悠久的钢笔名城，那里集中了许多著名的钢笔生产厂家，它们掌握着制作钢笔的技术。奥利莱花重金买通了一家工厂的一位技术骨干，还许诺在新厂里的实际工作均由这位技术骨干主持。这位技术骨干以到瑞典度假为名，召集了一批技术工人，悄悄来到波兰。

紧接着，奥利莱又火速赶往卢森堡，先把购买的设备拆散，再安装在其他机器上混出海关，然后陆续运到波兰。当他从欧洲回来时，生产钢笔所需的原材料也运到了生产车间，同时，设在华沙的厂房已经建成，设备也已调试安装，技术人员也已到位，很快工厂就投入了运营。

事情如此顺利，连奥利莱本人都不敢相信。早在他办厂之初，波兰专家就预测，他最起码要用 11 个月的时间来建厂，次年才有可能正式投产，而且年产量最多不会超过 100 万支。但事实证明，这种预测对于奥利莱而言是毫无道理的。因为他的工厂仅用 3 个月的时间就建成了，而且在投产后的 8 个月数量就达到了 1 亿支。创造的利润在当年就达到了 100 万美元。到 1926 年，这个工厂生产的钢笔不仅满足了波兰的市场，而且先后出口到英国、中国、土耳其等 10 余个国家。

决断敏捷、该出手时就出手的人，即使犯错误，也不要紧。因为他成功的机会，比那些胆小狐疑、不敢冒险的人多得多。站在河边待着不动的人，永远不可能渡过河去。即使你有寡断的倾向，也应该立刻奋起击败这个恶魔，因为它足以破坏你各种进取的机会。在你决定某一件事情以前，要对各方面情况有所了解，运用全部的常识，理智郑重地考虑，一旦决定以后，就不要轻易放弃。

敏捷、坚毅、决断，是一切力量的中心。要成就事业，就要学会该出手时就出手，任何情感意气的波浪都不能震荡它，别人的反对意见以及种种外界的侵袭，也不能动摇它。

做前瞻性思考，并当机立断

优柔寡断、思前顾后，无法做出决定，常常延误时机，错过了不少成功的机会。这样的年轻人缺少的正是——果断。

果断，是指一个人能适时地做出经过深思熟虑后的决定，并且彻底地实行这一决定，在行动上没有任何踌躇和疑虑。果断是成大事者积累成功的资本。果断的个性，能使二十几岁的年轻人在遇到困难时消除犹豫和顾虑，勇往直前。

有的人面对困难，左顾右盼、顾虑重重，看起来思虑全面，实际上毫无头绪。他们这样做不但分散了自己同困难做斗争的精力，更重要的是会销蚀同困难做斗争的勇气。果断的个性在这种情况下，则表现为沿着明确的思想轨道，摆脱对立动机的冲突，克服犹豫和动摇心理，坚定地采纳在深思熟虑基础上拟订的方法，并立即行动起来，以取得最好的效果。

李晓华，中国富豪之一。在20世纪80年代就曾以一举斥资购下“法拉利”在亚洲限量发售的新款赛车而名闻京城。在李晓华的个人生意投资史上，最惊心动魄的是在马来西亚的一桩买卖。

当时，马来西亚政府准备筹建一条高速公路，修往一个并不繁华的地方。虽然政府给了很优惠的政策，但因人们认为这条并不长的公路车流量不大而无人竞标。李晓华闻讯赶往该地考察，并得到一个极其重要的信息：距公路不远处有一个尚待最后确认的储量丰富的大油气田。只因尚未确认，媒体没有正式公布。

如果这一消息得到确认并正式公布，那么这条公路上的车流量可想而知，随着消息的公布，整个地价会直线上扬，前景广阔。

李晓华经过周密筹划，毅然冒着破产的可能，咬牙拿出全部积蓄和房产做抵押，从银行贷款3000万美元拿下了这个项目。但期限只有半年，倘若在这期间内这条公路不能脱手，贷款还不上，李晓华将倾家荡产，一贫如洗。

5个月过去了，油气田没有任何消息。其间，这位备受煎熬的富豪为了节约开支，吃起了盒饭和方便面，只坐最便宜的老式有轨电车。他的身心备受煎熬，前程吉凶未卜，他甚至开始考虑“后事”了。

可是到了第5个月零16天时，消息终于正式公布了。当天，投标项目就立即翻了一番，并连续几天持续看涨。李晓华的前瞻性投资终于得到了较大的回报。

李晓华的成功正源于他当初的果断决策。

果断，是勇敢、大胆、坚定和顽强等多种素质的综合。果断，是在克服优柔寡断的过程中不断增强的。许多人在采取决定时，常常感到这样做也有不妥，那样做也有困难，无休止地纠缠于细节问题，在诸方案中犹豫不决，陷入束手无策和茫然不知所措的境地，这都是事前思虑过多的表现。大事情是需要深思熟虑的，然而生活中真正称得上大事的并不多。况且，任何事情，总不能等待形势完全明朗时才做决定。事前多想固然重要，但“多谋”还要“善断”。

果断，是在克服胆怯和懦弱的过程中实现的。果断要以果敢为基础，大方向看准了，有七分把握了，就要果断地下定决心。

果断，要从干脆利落、斩钉截铁的行为习惯开始养成。生活中不少事情确实既可以这样又可以那样，遇到这样的小事，就不必考虑再三，大可当机立断。否则，连日常的生活琐事也是不干不脆，拖泥带水，又怎么能够培养出果断的决策能力来迎接成功呢？

厚积才能薄发

做任何事情，都要重视一点一滴的积累，从量变达到质变。走好每一小步路，你才会走向成功。连小事都做不好的人是做不成大事的。有很多人的失败不是因为没有机会，而是机会来时没有把握住。厚积才能薄发，只有平时积极积攒力量，才能为以后做好准备。

农夫在地里同时种了两棵一样大小的果树苗。第一棵树拼命地从地下吸收养料，储备起来，滋润每一个枝干，积蓄力量，默默地盘算着怎样完善自身，向上生长。另一棵树也拼命地从地下吸收养料，凝聚起来，开始盘算着开花结果。

第二年春，第一棵树便吐出了嫩芽，憋着劲儿地向上长。另一棵树刚吐出嫩叶，便迫不及待地挤出花蕾。

第一棵树目标明确，忍耐力强，很快就长得身材茁壮。另一棵树每年都要开花结果。刚开始，着实让农夫吃了一惊，非常欣赏它。但由于这棵树还未成熟，便承担开花结果的责任，累得弯了腰，结的果实也酸涩难吃，还时常招来一群孩子、石头的袭击。甚至，孩子会攀上它那羸弱的身体，在掠夺果子的同时，损伤着它的自尊心和肢体。

时光飞转，终于有一天，那棵久不开花的壮树轻松地吐出花蕾，由于养分充足、身材强壮，结出了又大又甜的果实。此时，那棵急于开花结果的树却成了枯木。农夫诧异地叹了口气，将那根瘦小的枯木砍下，烧火用了。

有时不急于表现自己的人恰恰正是最富有竞争力、生命力最强、最有前途的人。

积累不够，就急于表现，只能是昙花一现，甚至会给自身带来伤害；而厚积薄发、水到渠成的人则会长久地享受成功的愉悦。

世间万事万物，都有自己的发展规律与步骤，我们不能为了达到某种炫耀的目的就拔苗助长，跃过或者忽略掉其中的一步，这样只能使自己成为一个不健全的人，给自己的发展带来不良的影响，这是一种短视行为。不要为眼前的小利而失去长远的大利，要学会耐心等待，等待收获更大更好的“果实”。

每天进步一点点，经过一点一滴的积累，最后才能够成就大业。你知道石匠是怎么凿开一块大石头的吗？石匠所拥有的工具只不过是一把小铁锤和一把小凿子，可是这块大石头硬得很。当他举起锤子重重地凿下第一锤时，没有凿下一块碎片，甚至连一丝凿痕都没有，可是他并不放弃，继续举起锤子一下再一下地凿，一百下、二百下、三百下，大石头上依然没出现任何裂痕。

可是石匠还是没懈怠，继续举起锤子重重地凿下去，路过的人看他如此卖力而不见成效还继续硬干，不免窃窃私语，甚至有些人还笑他傻。可是石匠并未理会，他知道虽然所做的还没立即看到成效，不过那并非表示没有进展。

他又在大石头上换了另一个地方凿，一锤又一锤，也不知道是凿到第五百下还是第七百下，或者是第一千零几下，终于他看到了成效，那不是只凿下一块碎片，而是整块大石头凿成了两半。

难道说是他最后那一击，使得这块石头裂开的吗？当然不是，而是他一而再、再而三连续凿的结果。如果我们能时刻保持持续不断、努力实现目标的决心，就有如那把小铁锤，一直不停地凿着，最终定能凿碎一切横在成功旅途上的巨大石块。

苹果熟了才能采摘

有的时候“伟大的事业降临到渺小人物的身上，仅仅是短暂的瞬间。错过了这一瞬间，它绝不会再恩赐第二遍”，可是有的时候“机会似乎是很诱人的，事实上有很多遥不可及和美好的事物都是骗人的幌子”。当机遇向我们迎面扑来时，我们迎接它的手应该是慎重的，而不是草率的。

1950年，丰田公司因破产危机，工业公司和销售公司发生分离。但是，不久爆发的朝鲜战争给丰田带来了喜讯，美军大量的卡车订单使丰田汽车公司起死回生。这对于亲身体验了产销分离痛苦的丰田英二来说，自然希望回到以前产销一体的体制。

但是事情并非那么简单，工业公司和销售公司分离的体制已经形成，当时负责技术部门的董事丰田英二，深知即使他提出重新合并的建议，在当时也是行不通的。

丰田英二在确定丰田的未来发展方向时，决断很慢，这是因为英二在深思熟虑考察各种条件的同时，还要衡量各方面的利益是否均衡。他认为条件不成熟，即使机遇再好也是要失败的，他只有耐心地等待成熟时机的到来。

直到20世纪80年代初，丰田的两家公司才终于结束了长达32年的产销分离，全新的丰田公司诞生了，丰田英二的等待终于有了丰硕的成果。

在处理丰田赴美建厂一事上，丰田英二也同样小心谨慎，耐心等待时机的成熟。丰田进军美国，在日本汽车厂商中，是继本田、日产之后的第三家，为此不少人抱怨为时太晚。会长丰田英二和社长丰田章一郎的回答是：“我们在等待真正有利的时机，我们的行动并没有落

后。”由于采取了谨慎的战术，丰田公司终于顺利地打入了美国汽车市场。

苹果青的时候是不应该摘取的，它熟的时候，自己会落，但你若在它青的时候摘取，便是损害了苹果和树。不过，在摘苹果的时候当断不断，一旦把犹疑当作慎重，错过熟苹果掉落的时机，你就只有眼睁睁地看苹果腐烂了。

富翁家的一只狗在散步时跑丢了，于是富翁就在当地报纸上刊登了一则启事：有狗丢失，归还者，付酬金1万元。

启事刊出后，送狗者络绎不绝，但都不是富翁家的。富翁的太太说，肯定是真正捡狗的人嫌给的钱少，那可是一只纯正的爱尔兰名犬。于是富翁就把电话打到报社，把酬金改为2万元。

一个沿街流浪的乞丐在报摊看到了这则启事，他立即跑回他住的窑洞，因为前天他在公园的躺椅上打盹时捡到了一只狗，现在这只狗就在他住的那个窑洞里拴着。那只狗正是富翁家丢的。

乞丐第二天一大早就抱着狗出了门，准备去领2万元酬金。当他经过一个小报摊的时候，无意中又看到了那则启事，不过赏金已变成3万元。

乞丐又折回他的窑洞，把狗重新拴在那儿，静等酬金再涨。第四天，悬赏额果然又涨了。

在接下来的几天时间里，乞丐天天浏览当地报纸的广告栏。当酬金涨到使全城的市民都感到惊讶时，乞丐返回他的窑洞。可是那只狗已经死了，因为这只狗在富翁家吃的都是鲜牛奶和烧牛肉，对于这个乞丐从垃圾桶里捡来的东西根本消受不了。

乞丐的待价而沽并不是没有道理，关键要审度时宜，该出手的时候就出手。错过了出手的最佳时机，你依然摘不到苹果。

可见，时机决定着成败，苹果青涩之时，我们不要鲁莽行事；苹果成熟之时，我们也不要犹犹豫豫错过它最甘甜的时候。